my robot time

AI机器人时代

机器人创新实验教程

2级

下册

U0220640

丛书主编　钟艳如

丛书副主编　陈　洁

本册主编　肖海明　董朝旭

机械工业出版社

CHINA MACHINE PRESS

本书为《机器人创新实验教程　2级下册》，使用了模式主板，主要是通过模块、齿轮、轮子、轴、传感器、编程主板之间的搭建来学习生活中的数学、能量转换、机械物理知识和传感器的工作原理等，让学生掌握传感器原理、搭建原理及技巧，同时还为电脑编程奠定了较扎实的物理实践思维与数学的逻辑思维基础。

图书在版编目（CIP）数据

AI 机器人时代：机器人创新实验教程 . 2 级 . 下册 / 钟艳如主编；
肖海明，董朝旭分册主编 . —北京：机械工业出版社，2019.12
　ISBN 978-7-111-64413-2

　Ⅰ . ① A⋯　Ⅱ . ①钟⋯ ②肖⋯ ③董⋯　Ⅲ . ①智能机器人 – 教材
Ⅳ . ① TP242.6

中国版本图书馆 CIP 数据核字（2019）第 285854 号

机械工业出版社（北京市百万庄大街 22 号　邮政编码 100037）
策划编辑：熊　铭　　责任编辑：熊　铭　何卫峰
责任校对：刘雅娜　　封面设计：滕沛芳　黄　辉
责任印制：常天培
北京富资园科技发展有限公司印刷
2020 年 2 月第 1 版第 1 次印刷
184mm × 260mm · 19.75 印张 · 323 千字
标准书号：ISBN 978-7-111-64413-2
定价：115.00 元（共 2 册）

电话服务　　　　　　　　网络服务
客服电话：010-88361066　机 工 官 网：www.cmpbook.com
　　　　　010-88379833　机 工 官 博：weibo.com/cmp1952
　　　　　010-68326294　金 书 网：www.golden-book.com
封底无防伪标均为盗版　机工教育服务网：www.cmpedu.com

编写人员

顾　　　问　朱光喜　李旭涛

丛 书 主 编　钟艳如

丛书副主编　陈　洁

本 册 主 编　肖海明　董朝旭

本册副主编　邓彩梅

本 册 参 编　陈　坤　陈　丽　胡　杰　黄　辉　贾　楠
　　　　　　李振庭　饶福强　翁杰军　伍大智　谢　莉
　　　　　　周　靓　周宇雄　邹玉婷

序

以饱满的热情、创新的姿态，昂首迈进人工智能时代

世界已从制造经济时代进入了资讯经济时代，生活亦将从"互联网+"时代开始向"人工智能+"时代迈进

近几十年来，我们周围的世界乃至全球的经济与生活无时无刻不在发生着巨大变革。推动经济和社会大步向前发展的已不仅仅是直白可视的工业制造和机器，更有人类的思维与资讯。我们的世界已从制造经济时代进入了资讯经济时代，生产方式正从"机械自动化"逐渐向"人工智能化"过渡，我们的生活亦将很快从当前的"互联网+"时代开始向"人工智能+"时代迈进，新知识和新技能显得尤为重要。

编程和人工智能在新经济和新生活时代的作用与地位

人工智能（Artificial Intelligence），英文缩写为AI。它是研究、开发用于模拟、延伸和扩展人的智能的理论、方法、技术及应用系统的一门新的技术科学。该领域的研究包括机器人、语言识别、图像识别、自然语言处理和专家系统等。百度无人驾驶汽车、谷歌机器人（Alpha Go）大战李世石等都是人工智能技术的体现。

近年来，我国已经针对人工智能制定了各类规划和行动方案，全力支持人工智能产业的发展。

显然，人工智能时代已经到来！

🔘 人工智能时代的 STEAM 教育

人工智能时代的STEAM教育，其核心之一是培养学生的计算思维，所谓计算思维就是"利用计算机科学中的基本概念来解决问题、设计系统以及了解人类行为。"计算思维是解决问题的新方法，能够改变学生的学习方式，帮助学生创建克服困难的思路。虽然计算思维的基础是计算机科学中的编程等，但它已被普遍地应用于所有学科，包括文学、经济学、数学、化学等。

通过学习编程与人工智能培养出来的计算思维，至少在以下3个方面能给学生带来极大益处。

（1）解决问题的能力。掌握了计算思维的学生能更好地知道如何克服突发困难，并且尽可能快速地给出解决方案。

（2）创造性思考的能力。掌握了计算思维的学生更善于研究、收集和了解最新的信息，然后运用新的信息来解决各种问题和实施各项方案。

（3）独立自信的精神。掌握了计算思维的学生能更好地适应团队工作，在独立面对挑战时表现得更为自信和淡定。

鉴于编程和人工智能在中小学STEAM教育中的重要性，全球很多国家和地区都有立法要求学校开设相关课程。2017年，我国国务院、教育部也先后公布《新一代人工智能发展规划》《中小学综合实践活动课程指导纲要》等文件，明确提出要在中小学阶段设置编程和人工智能相关课程，这将对我国教育体制改革具有深远影响。

🔘 机器人在开展编程与人工智能教育时的独特地位

机器人之所以会逐步成为STEAM教育和技术巧妙融合的最好载体并广受欢迎，是因为机器人相比其他教学载体，如无人机、3D打印机、激光切割机等，有着其自身的鲜明特点。

（1）以教育机器人作为STEAM教育的物理载体，能很好地兼顾教育的趣味性、多样性、延展性、创意性、安全性和政策性。

（2）机器人教育能够弥补学校教育中缺乏的对学生动手能力和操作能力的实训。

（3）机器人教育是跨多学科知识的综合教育，机器人具有明显的跨界、融合、协同等特征，融合了电子、计算机软硬件、传感器、自动控制、人工智能、机械设计、人机交互、网络通信、仿生学和材料学等多学科技术，有助于培养学生综合素质。

（4）机器人教育适合各年龄段的学生参与学习，幼儿园阶段、中小学阶段甚至大学阶段，都能在机器人教育阶梯中找到自己的位置。

（五）《AI机器人时代 机器人创新实验教程》的重要性和稀缺性

《AI机器人时代 机器人创新实验教程》是依据STEAM教育"四位一体"教学理论和模式编写的，本系列课程共分1~4级，每级分上、下两册。

每级课程分别是基于不同年龄段的学生特点进行开发设计的。课程各单元开篇采用故事、游戏、问答以及图片或视频的形式引出主题，并提供主题背景知识，加深学生印象；课程按1~4级，从结构搭建、原理讲解到简单编程、复杂编程，从具体思维到抽象思维，从简单到复杂，从低级到高级，进行讲解；所涉及的学科内容涵盖了计算机、电子、结构、力学、数学、设计、社会学、人文学甚至历史等。通过本系列课程的学习，可以激发学生对科学探究的兴趣，通过机器人拼装、运行等帮助学生更好地学习到物理、编程和人工智能等相关知识与技能，提升对学生计算思维、创新能力和空间想象力的培养，并更好地理解人与自然、人与人、人与时间的联系等。

此外，本系列课程的编写顾问和编写成员阵容强大，除了韩端国际教育科技（深圳）有限公司（后简称：韩端国际）具有丰富经验、颇深专业素养的课程开发团队外，还诚邀中国教育技术协会副会长、中国教育技术协会技术标准委员会秘书长钟晓流教授，清华大学电子工程系博士生导师、国家自然科学基金资助项目会议评审专家杨健教授，汕头大学电子工程系李旭涛教授，以及多位曾任或现任教育主管部门负责人、教育考试院专家、知名中小学校校长、STEAM教育科研组资深老师等加入，保证了本系列课程的专业性、广泛性、实用性以及权威性。

我是在工作中了解到韩端国际的。这是一家十多年来专注于教育机器人领域的国家级高新技术企业，它长期致力于向广大学校、教培机构、学生和家长，提供"机器人+编程+人工智能+课程"的产品和服务，用户已经覆盖包括中国在内的全球近50个国家和地区，可以称得上是全球领先的科技教育品牌；它的教育机器人品牌是MRT（全称：MY ROBOT TIME）。从认识开始，我就对一个企业能十年如一日地专注于一个领域深耕，尤其是在投入长、要求高、回报慢的教育行业，是颇有好感，也是很钦佩的！2017年，韩端国际人又适时提出了"矢志打造人工智能时代行业基石"的口号，我个人对此是非常认同的。他们是真正在践行"编程和人工智能教育，从娃娃抓起"的理念，这是时代的呼唤，也是用户的诉求，既有对未来行业发展方向正确的认知，也有对行业发展责任勇敢的承担。

　　最后，我想说，不管你是否准备好，人工智能时代确实已经到来，那就让我们和我们的下一代，以饱满的热情、创新的姿态，昂首迈进人工智能时代吧！

　　此序。

朱光喜

2019年3月31日

写于华中科技大学

开始闯关

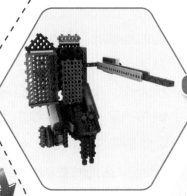

第 1 单元　堂·吉诃德

第 6 单元　开合桥

第 2 单元　X- 足球机器人

第 3 单元　碰碰车

第 4 单元　鼓手考拉宝宝

第 5 单元　拳击机器人

本册闯关地图

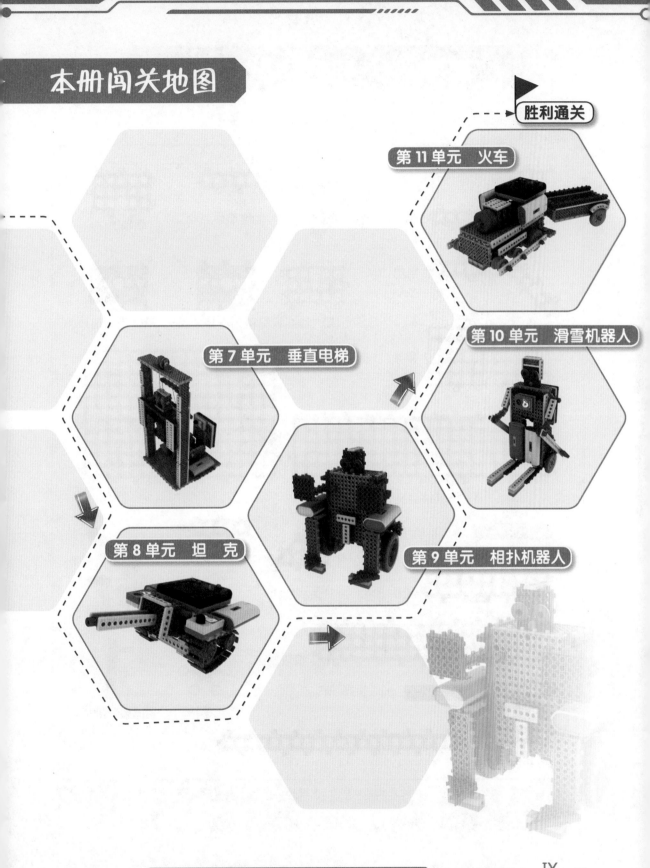

胜利通关

第 11 单元　火车

第 7 单元　垂直电梯

第 10 单元　滑雪机器人

第 8 单元　坦　克

第 9 单元　相扑机器人

模块

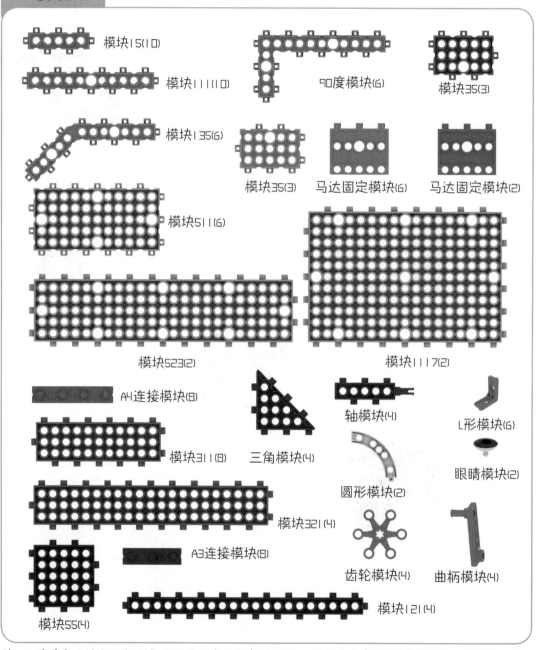

模块15(10)

模块111(10)

90度模块(6)

模块35(3)

模块135(6)

模块35(3)

马达固定模块(6)

马达固定模块(2)

模块511(6)

模块523(2)

模块1117(2)

A4连接模块(8)

模块311(8)

三角模块(4)

轴模块(4)

L形模块(6)

圆形模块(2)

眼睛模块(2)

模块321(4)

齿轮模块(4)

曲柄模块(4)

A3连接模块(8)

模块55(4)

模块121(4)

注：1. 清单中"模块15（10）"指的是竖直方向有1个圆孔、水平方向有5个圆孔的模块，数量为10块，下同。

2. 在产品质量改进过程中，图中所示的一些部件的外观和颜色有可能与实物有所不同。

框架/连接框架

5孔框架(10)

11孔框架(10)　橡皮框架(4)

21孔框架(4)

5孔连接框架(10)

11孔连接框架(10)

轴/护帽

连接轴(8)

短轴(8)

中轴(8)

长轴(8)

连接护帽(4)

大护帽(15)

小·护帽(10)

小·红帽(20)

轮子/齿轮/其他

红色轮子(4)

大轮子(2)

中轮子(2)

小·轮子(2)

大齿轮(2)

中齿轮(2)

小·齿轮(2)

引导轮(4)

链条轮(2)

履带(40)

扳手(1)

电子组件

主板(1)

DC马达(2)

遥控接收器(1)

触碰传感器(2)

6V电池夹(1)

遥控器(1)

喇叭传感器(1)　红外线传感器(3)

主板说明

主板的结构

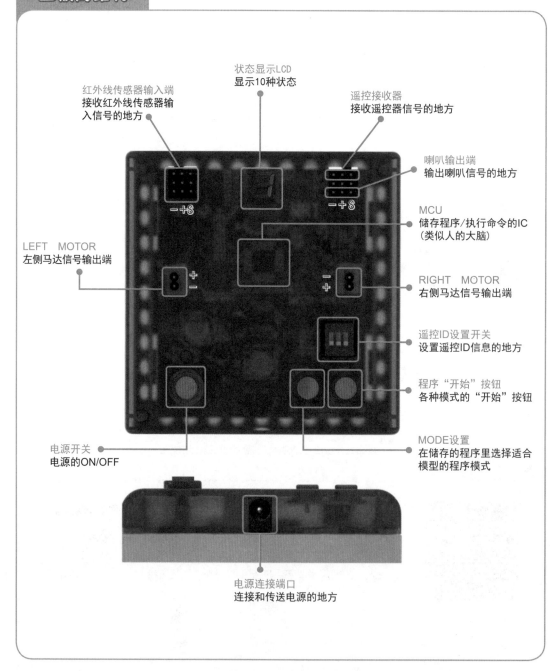

状态显示LCD
显示10种状态

红外线传感器输入端
接收红外线传感器输入信号的地方

遥控接收器
接收遥控器信号的地方

喇叭输出端
输出喇叭信号的地方

MCU
储存程序/执行命令的IC
（类似人的大脑）

LEFT MOTOR
左侧马达信号输出端

RIGHT MOTOR
右侧马达信号输出端

遥控ID设置开关
设置遥控ID信息的地方

程序"开始"按钮
各种模式的"开始"按钮

电源开关
电源的ON/OFF

MODE设置
在储存的程序里选择适合模型的程序模式

电源连接端口
连接和传送电源的地方

注：该主板自带部分预先设定的程序，即便不进行电脑编程也可使用。

主板模式设置

① 按下MODE设置键后，状态显示LCD将显示当前的模式编号。
② 继续按MODE设置键，可以切换状态。
③ 切换到想要的模式后，按下"开始"按钮，就可以将主板设置为需要的模式。

MODE 1	MODE 2	MODE 3	MODE 4
FREE MOVE	遥控	线追踪	闪避

MODE 5	MODE 6	MODE 7	MODE 8
跟踪	悬崖识别	触碰	遥控+红外线

MODE 9	MODE 0
遥控+触碰	遥控（R）

主板上的传感器

红外线传感器

发光体（透明色）
发出红外线信号到物体，将被物体反射回来的红外线信号输入到接收体的作用。

接收体（黑色）
检测发光体发出的红外线信号，将该信号转换为输入信号的作用。

喇叭传感器

喇叭
将主板发过来的声音信号输出到外部的作用。

触碰传感器

触碰按钮
把输入信号设置成"ON/OFF"时使用。

遥控器的使用说明

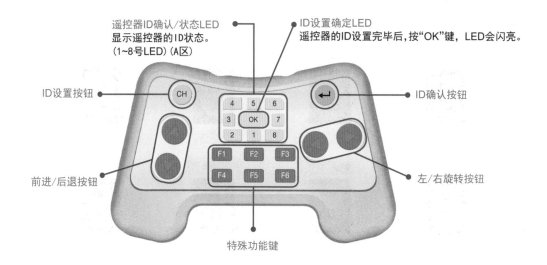

遥控器ID确认/状态LED
显示遥控器的ID状态。
(1~8号LED)（A区）

ID设置确定LED
遥控器的ID设置完毕后，按"OK"键，LED会闪亮。

ID设置按钮

ID确认按钮

前进/后退按钮

左/右旋转按钮

特殊功能键

1. 使用方法

① 打开机器人的电源开关（ON位置）。

② 将主板的模式设置成2，遥控器模式（如图所示 ）。

③ 按 ↵ 按钮时，在A区会显示当前的ID。

④ 在按住 ↵ 按钮的同时，再按 CH 按钮，可以选择任意ID（1~8号）
这时A区的LED会亮起。

⑤ 选到需要的ID后放开 ↵ 按钮，用 CH 按钮最终设置。

⑥ 按钮 OK 闪烁三次，则说明已完成遥控器ID设置。

⑦ 按 ↵ 按钮，可确认当前设置的ID状态。

注：若ID设置失败，请重复①~⑦步骤。

2. 通信 ID 设置方法

　　每一个遥控器 ID（1~8 号）都与主板相对应，主板遥控器 ID 设置开关区有三个拨动开关；它们的设置方式如下。（图中亮色区域为拨动开关向下）

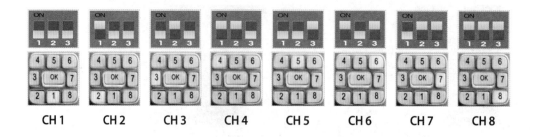

CH 1　　CH 2　　CH 3　　CH 4　　CH 5　　CH 6　　CH 7　　CH 8

3. 连接线注意事项

在我们应用的模块套装中，每个遥控接收器模块都由三根不同颜色的线组成，分别为红色线、黑色线、白色线；红色线连接在主板"遥控接收器"的"+"标记处，黑色线连接在主板"遥控接收器"的"–"标记处，白色线连接在主板"遥控接收器"的"S"标记处。

3P线的黑色线连接⊖。

4. 遥控器工作原理

遥控接收器
接收遥控器发出的红外信号，再把这个信号
转换为输入信号的作用。

主板上连接该遥控接收器并且频道配对成功后，才能使用遥控器操控。

（1）按键时，红外线载着信号发送到主板上的遥控接收器。

（2）遥控接收器有光敏二极管，可以将收到的红外线变成电子信号。

（3）电子信号通过主板上的线路，发送到喇叭输出端、马达输出端等，形成动作。

5. 操作注意事项

（1）家庭使用的红外线遥控器如电视遥控器的有效距离约为 5 米。

（2）如果有效距离太大，会对其他设备产生影响。

（3）其他信号传递方式，如超声波方式，会由于金属的碰撞及杂音导致误操作。

（4）红外线的有效距离最适合在家庭环境下使用。

目 录

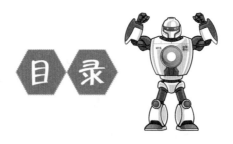

《实训评价手册》（另附）

堂·吉诃德

 学习目标

◎ 了解文学作品《堂·吉诃德》。

◎ 了解历史上的骑士和骑士精神。

◎ 了解骑兵的知识。

◎ 能够搭建堂·吉诃德和所骑的马模型。

1 《堂·吉诃德》

《堂·吉诃德》是世界文学宝库中的一颗明珠，被文学评论家称为西方文学史上的第一部现代小说。

西班牙作家塞万提斯所创作的这本小说把严肃和滑稽、悲剧性和喜剧性、生活中的琐屑庸俗与伟大美丽和谐地组织在一起，构成了一部杰出的作品。

在堂·吉诃德生活的年代，骑士已经消失了一个多世纪。堂·吉诃德却沉迷于骑士小说，幻想自己是一个中世纪的骑士，骑着马，带着仆人桑丘，到处"行侠仗义"，闹出了很多笑话，如把风车当巨人，要求跟风车决斗；把旅店当城堡；把苦役犯当成被迫害的骑士给放了；把皮囊当成巨人的头颅等。因本小说具有极大的影响力，堂·吉诃德与桑丘常被作为街头景观雕塑（图1-1）或装饰画素材（图1-2）等。

图1-1　堂·吉诃德和桑丘的雕塑　　　图1-2　《堂·吉诃德大战风车》装饰画

2 骑士

骑士原指欧洲中世纪的骑兵，是欧洲大陆上战斗力最强的精锐兵种。后来骑士头衔演变成为王室授予有特殊贡献者的荣誉称号。

早期欧洲流行的骑士文化中，骑士往往是勇敢、忠诚的象征，并以骑士精神作为行事守则，是英雄的化身。

"骑士精神"一般指的是"仁慈地对待弱者、勇敢地面对强敌、毫无保留地对抗罪人、为无法战斗者而战、帮助那些需要帮助的人、不伤害妇孺、帮助骑士兄弟、忠实地对待友人、真诚地对待爱情。图1-3所示的是骑士斗恶龙。

图1-3　骑士斗恶龙

③ 骑兵

骑兵是陆军中骑乘动物的兵种。除了骑马外，还可以骑大象、骆驼等动物。在冷兵器时代，骑兵是野战最重要的主力兵种，杀伤力极大。

骑兵分为轻骑兵（图1-4）和重骑兵（图1-5）。轻骑兵衣甲轻薄，马不穿戴护具；重骑兵全身铠甲，连马也穿戴铠甲。亚洲历史上多使用轻骑兵，欧洲历史上多使用重骑兵。轻骑兵机动性强，适合突袭与复杂战术，不适合正面迎击；重骑兵机动性不高，只能正面迎战。

图1-4　轻骑兵

图1-5　重骑兵

① 本单元创意拼装目标：堂·吉诃德（图1-6）。

图 1-6　堂·吉诃德模型

② 准备材料

按照表1-1所示的配件清单准备拼装材料，做好搭建准备。

表 1-1　配件清单

品名	图示	数量	品名	图示	数量
模块15		5块	模块121		2块
模块111		4块	模块35		4块
90度模块		2块	马达固定模块		2块

品名	图示	数量	品名	图示	数量
11 孔框架		2 块	轴模块		4 块
21 孔框架		2 块	连接轴		3 个
模块 135	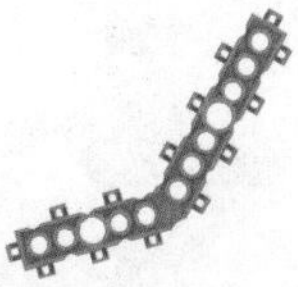	5 块	眼睛模块		2 块
模块 511	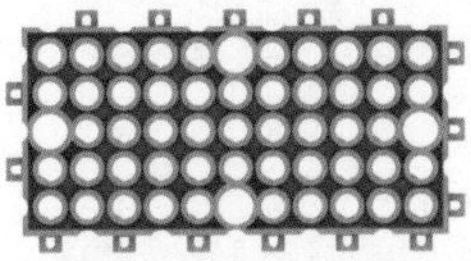	2 块	模块 55	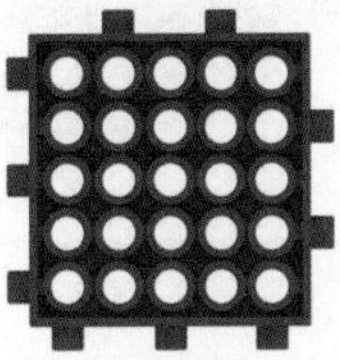	1 块
A4 连接模块		2 块	5 孔框架		4 块
三角模块		3 块	L 形模块		2 块
5 孔连接框架		4 块	主板	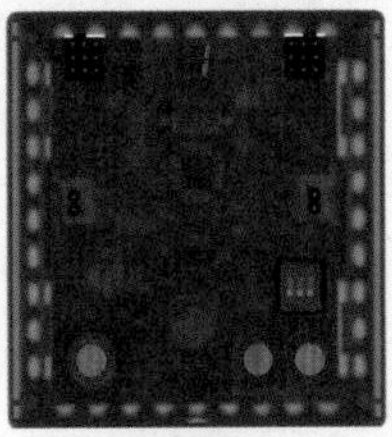	1 个
小红帽		5 个			
小护帽		1 个	DC 马达		2 个
遥控接收器		1 个	6V 电池夹		1 块
模块 311	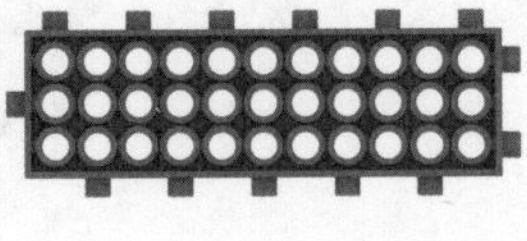	3 块	小轮子	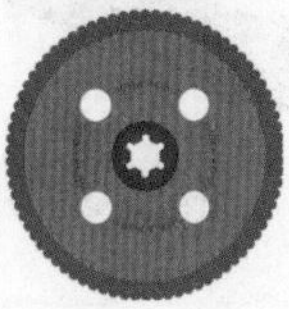	2 个

1

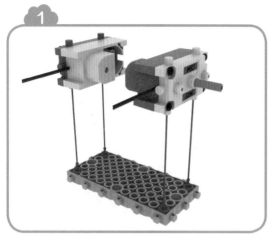

2

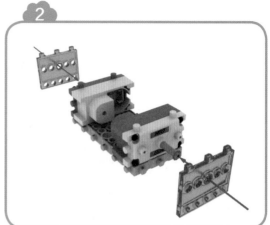

3

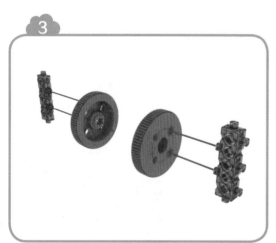

4

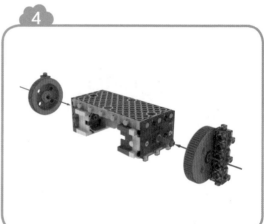

5

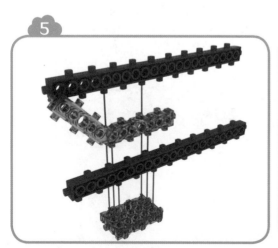

6

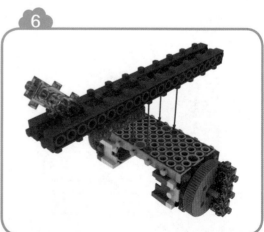

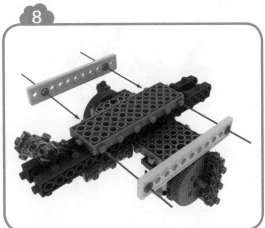

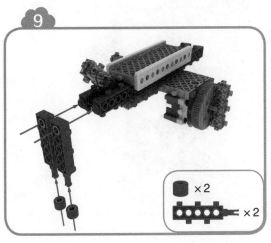

×2
×2

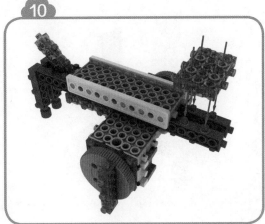

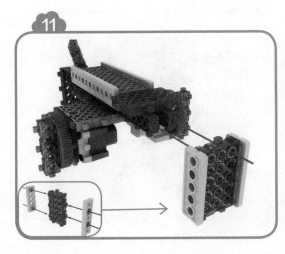

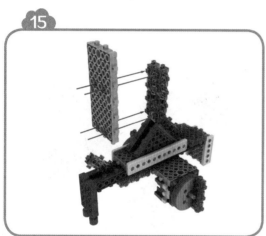

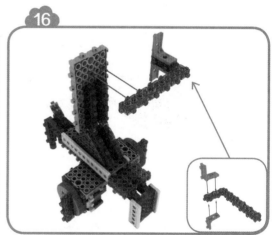

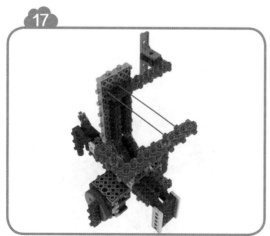

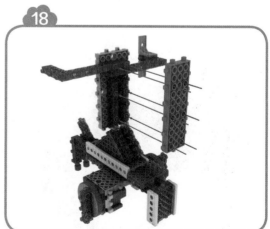

19

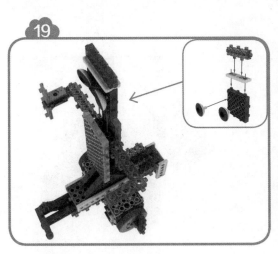

20

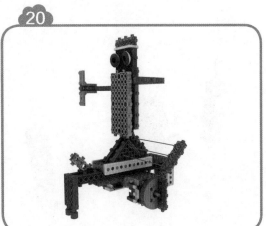

21

22

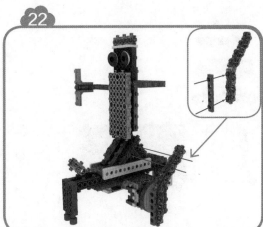

23

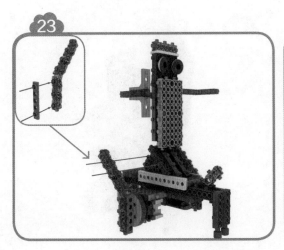

24

×3 ×1

×3

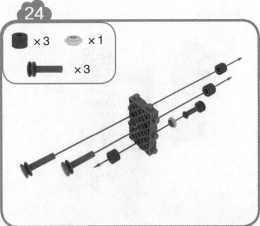

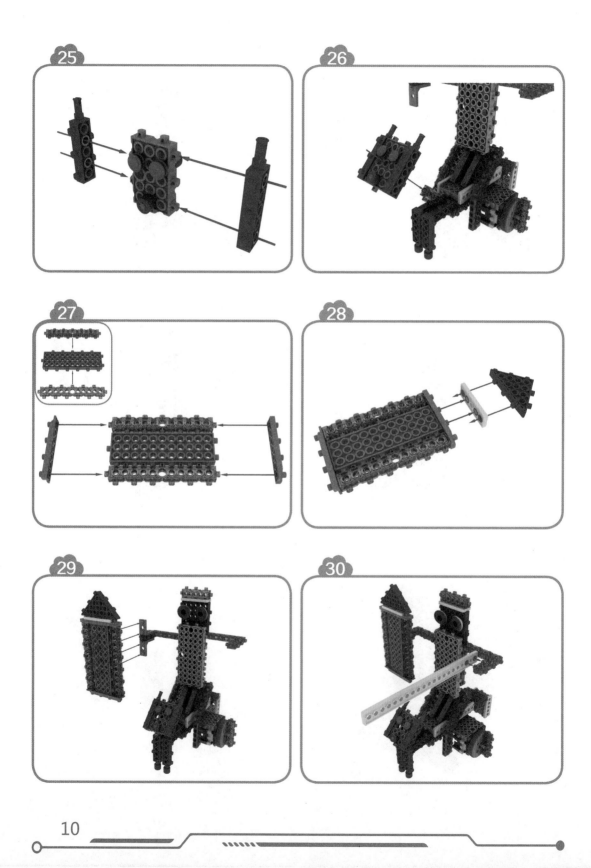

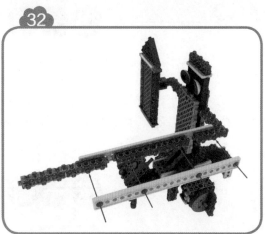

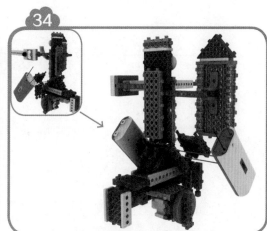

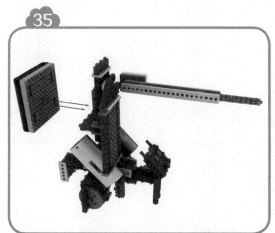

图 1-7　拼装步骤

想一想　说一说

（1）为什么轻骑兵机动性强而重骑兵机动性不高?

（2）为什么骑兵的杀伤力会比步兵大?

（3）如果你做骑兵，你更想做轻骑兵还是重骑兵?

尝试分工合作，搭建出《堂·吉诃德》中的一个经典场景。

（1）请将作品拍照、保存。

（2）请将 6V 电池夹关闭并拆下。

（3）请将电子元器件拆下。

（4）请将模型拆除。

（5）请将所有配件放回原位。

（6）对照配件清单清点配件。

第 2 单元

X－足球机器人

 学习目标

◎ 了解足球运动的基本知识。

◎ 了解足球世界杯的相关信息。

◎ 了解机器人世界杯的情况。

◎ 能够搭建 X－足球机器人模型。

◎ 能够操作 X－足球机器人进行足球比赛。

① 足球运动

足球运动，有"世界第一运动"的美誉，是全球最具影响力的单项体育运动之一。

通常，正式的足球比赛有 2 支队伍参加，每支队伍各有 11 名队员参与比赛，包括 1 名守门员及 10 名其他球员。球员们在长方形的草地球场（图 2-1）上相互进攻。除守门员可在己方禁区内用手碰球外，球场内其他球员只能运用手部以外的身体部位如头、躯干、腿等部位碰足球。比赛时要尽量将球射入对方的球门内，每射入 1 球就可以得到 1 分。比赛时间结束时，得分多的队伍为胜利者。比赛分成两个半场，每半场为 45 分钟，共 90 分钟。如果在比赛规定时间内得分相同，则可以通过抽签、加时（30 分钟延长赛）或互射点球等形式比赛分出高下。

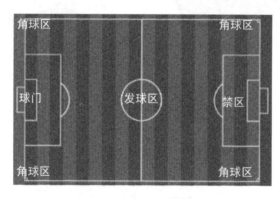

图 2-1　足球球场

② 国际足联世界杯（FIFA World Cup）

国际足联世界杯，通常简称世界杯，是一项不同国家或地区的男子足球队之间进行的国际比赛。世界杯由国际足球联合会（FIFA）每 4 年举办一次，与奥运会交替进行。1930 年举行了第一届世界杯，1942 年和 1946 年因第二次世界大战而停办了两届。

世界杯分成预选赛和决赛两个阶段。预选赛部分一般会在决赛展开的前3年举行，以决定哪些球队能进入决赛阶段比赛。目前的决赛阶段只有32支球队的名额。现在我们收看的世界杯比赛（图2-2），往往指的是世界杯决赛阶段。世界杯决赛的冠军奖杯为大力神杯（图2-3），大力神杯是足球界的最高荣誉。

想要成为世界杯主办方的国家需向国际足联提出申请，经国际足联通过后，世界杯决赛阶段比赛就可在这个主办国家或地区来进行。2018年主办世界杯决赛阶段比赛的是俄罗斯，2022年将在位于西亚的阿拉伯国家卡塔尔举行。

图2-2　世界杯的比赛现场

图2-3　大力神杯

③ 国际机器人足球竞赛

让机器人踢足球的想法最早是由韩国科学家提出来的，也是在韩国举办了首次微型机器人世界足球比赛（即FIRA MiroSot '96）。目前，国际上最具影响的机器人足球比赛主要是FIRA和RoboCup两大世界机器人足球比赛。RoboCup的目标是在2050年成立一支完全自主的拟人机器人足球队，能够与人类进行一场真正意义上的足球比赛。

机器人足球竞赛与人工智能、机器人这两大前沿领域的发展水平密不可分，为全世界的青少年参与国际性的科技活动提供了良好的平台（图2-4和图2-5）。

图 2-4　IYRC 俄罗斯赛

图 2-5　IYRC 中国赛

① 本单元创意拼装目标：X- 足球机器人（图 2-6）。

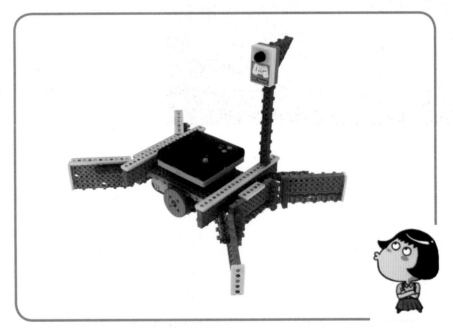
图 2-6　X- 足球机器人模型

② 准备材料

按照表 2-1 所示的配件清单准备拼装材料，做好搭建准备。

表 2-1　配件清单

品名	图示	数量	品名	图示	数量
模块 15		4 块	模块 121		1 块
模块 111		5 块	5 孔框架		5 块
模块 135		4 块	11 孔框架		3 块
模块 511	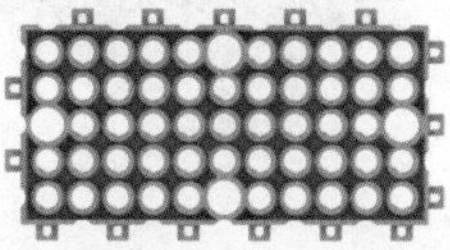	3 块	小轮子	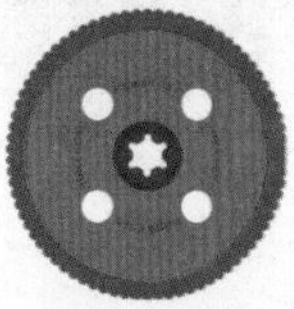	2 个
模块 1117	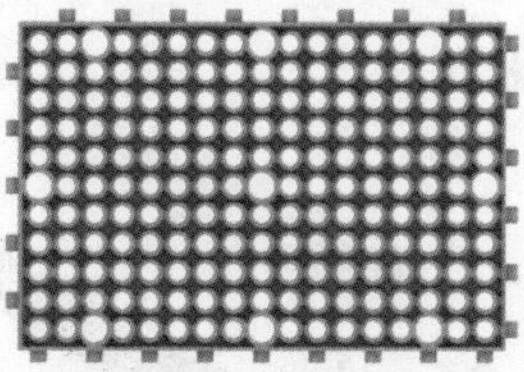	1 块	遥控接收器	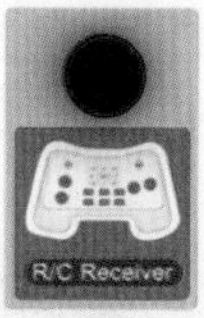	1 个
模块 311		3 块	主板		1 个
模块 321		2 块			
三角模块		1 块	DC 马达		2 个
模块 55	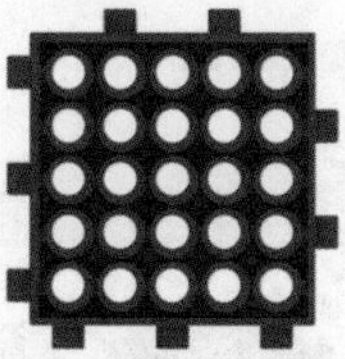	2 块	6V 电池夹		1 块
马达固定模块		2 块	21 孔框架		2 块

③ 动手搭一搭（图 2-7）

1

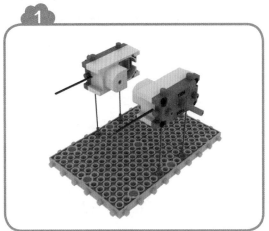

2

3

翻转

4

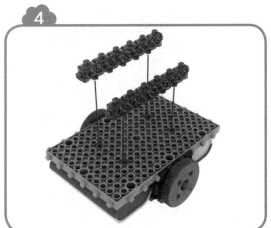

5

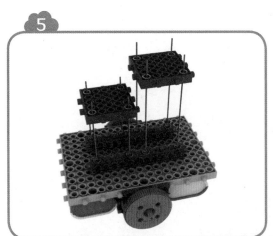

6

×2

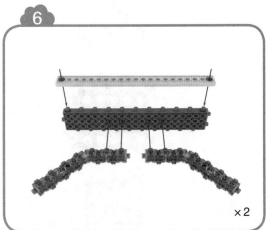

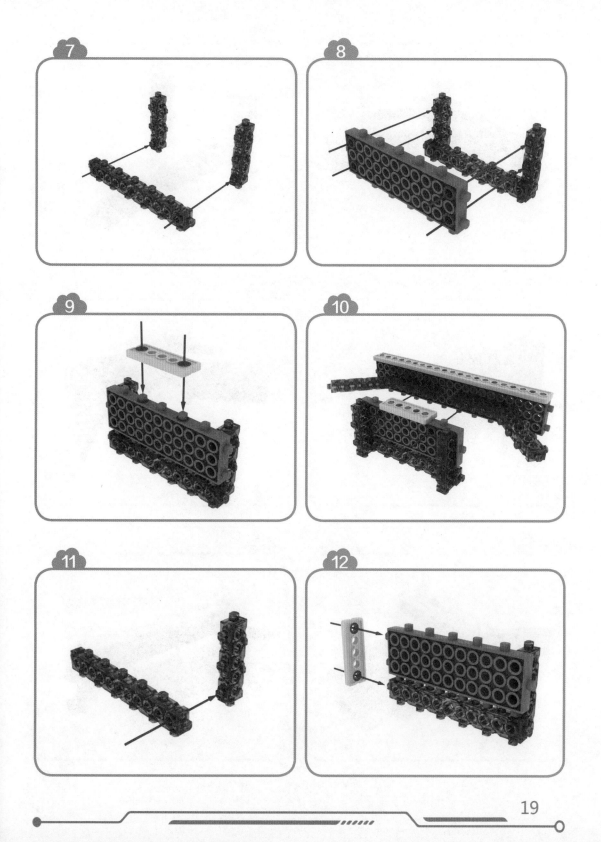

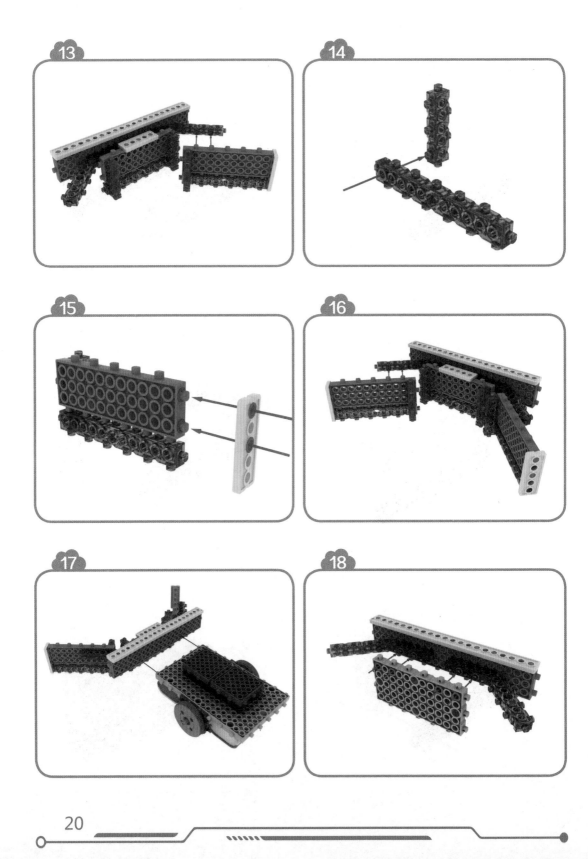

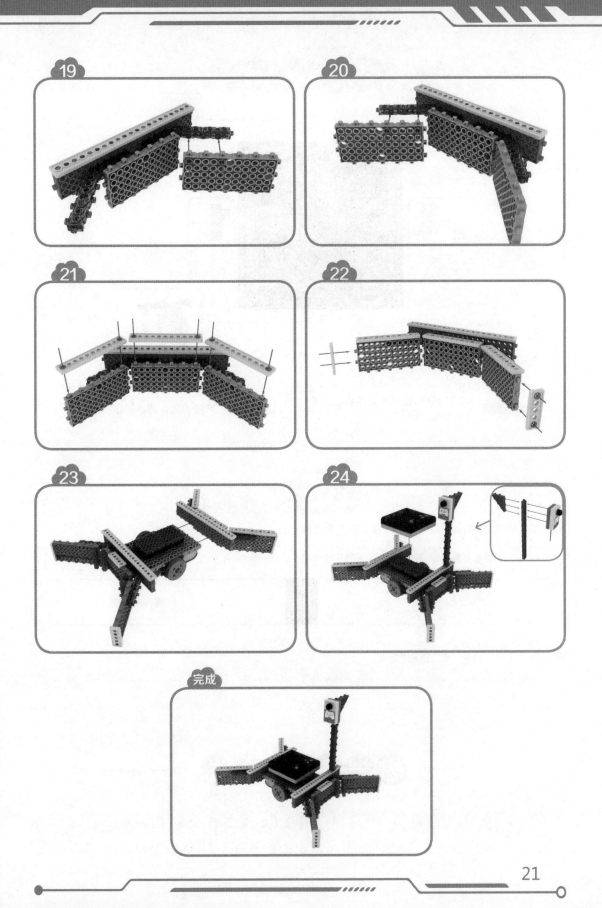

完成

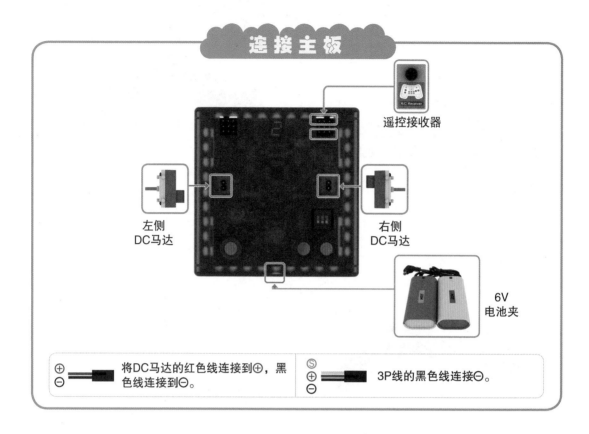

连接主板

遥控接收器

左侧
DC马达

右侧
DC马达

6V
电池夹

| ⊕ ⊖ | 将DC马达的红色线连接到⊕，黑色线连接到⊖。 | Ⓢ ⊕ ⊖ | 3P线的黑色线连接⊖。 |

模式设置

①确认6V电池夹、DC马达及遥控接收器是否连接正确。
②打开电源开关。
③按MODE设置按钮，将模式设置成下列图示。

MODE #2			遥控器模式

④设置遥控器的ID。
⑤按"开始"按钮，启动X-机器人。

图 2-7　拼装步骤及操作方法

想一想　说一说

（1）本单元中所搭建的 X- 足球机器人，是靠什么来实现踢球的？

（2）要用所搭建完成的机器人来模拟正式足球比赛，足球场大约需要多大面积合适?

（3）你希望机器人还能实现什么样的功能才能更好地踢球?

（1）和其他同学进行一场 1 人对 1 人的足球比赛（图 2-8），看谁进球的多？

※ 和小朋友们一起玩有趣的足球比赛吧。（用剩下的模块做2个球门）

图 2-8 竞技/游戏

（2）和同学们一起，进行一场 11 人对 11 人的足球比赛吧！如人数不足，可在网上查找出 3 人制足球比赛的规则，组织一场 3 人制机器人足球比赛吧！

（1）请将作品拍照、保存。
（2）请将 6V 电池夹关闭并拆下。
（3）请将电子元器件拆下。
（4）请将模型拆除。
（5）请将所有配件放回原位。
（6）对照配件清单清点配件。

第3单元 碰碰车

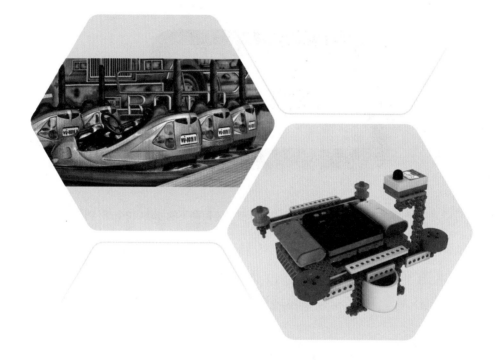

 学习目标

◎ 了解碰碰车游戏。

◎ 了解日常生活中常见的碰撞现象及其结果。

◎ 能够搭建碰碰车模型。

◎ 能够对搭建完成的碰碰车进行加强与改善。

大开眼界

① 碰碰车

碰碰车（图 3-1）是一种全家老小都能玩的机动游戏。这种机动游戏是在一个室内场地进行。场地的天花板有通电的电网。场内有多辆小型电动车，电动车上带有一条垂直的杆子，与天花板连通。场地地板由金属制成，并洒有少量石墨粉。这样，电动车就能从天花板上得到电，从而在场地内随意移动。电动车的四周有由橡胶制成的橡胶圈。脚踏可以控制车的速度，方向盘可以控制车运动的方向。在场内驾驶碰碰车的游客，以互相撞击及躲避撞击为乐趣。

图 3-1　碰碰车

② 碰撞

在日常生活中，经常可以见到碰撞的情况。如两位同学跑太快撞到一起；乒乓球撞到球拍上，然后撞到乒乓球桌上；在饭桌上人们互相碰杯（图 3-2）；鸡蛋撞到碗沿；车辆互相碰撞（图 3-3）等。不同的事物互相碰撞，结果可能很不一样。乒乓球撞到球拍会反弹出去，互相碰杯会发出清脆的响声，鸡蛋撞到碗沿会被磕破，车辆互相碰撞会停下并且损坏等。

图 3-2 碰杯

图 3-3 汽车相撞

动手实现

1 本单元创意拼装目标：碰碰车（图 3-4）。

图 3-4 碰碰车模型

2 准备材料

按照表 3-1 所示的配件清单准备拼装材料，做好搭建准备。

表 3-1 配件清单

品名	图示	数量	品名	图示	数量
模块 15		5 块	90 度模块		3 块
模块 111		6 块	马达固定模块		3 块

品名	图示	数量	品名	图示	数量
11 孔框架	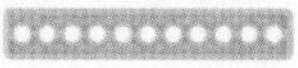	3 块	小红帽		8 个
21 孔框架		2 块	小护帽		4 个
中轴		4 根	橡皮模块		2 块
遥控接收器		1 个	模块 121		2 块
引导轮		2 个	5 孔框架	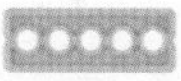	5 块
模块 511	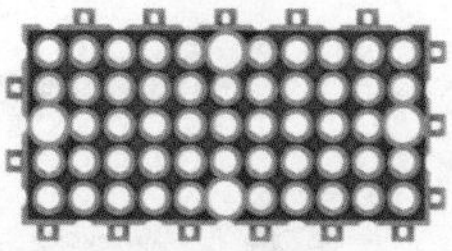	2 块	主板	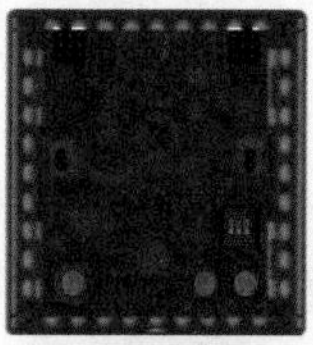	1 个
模块 1117	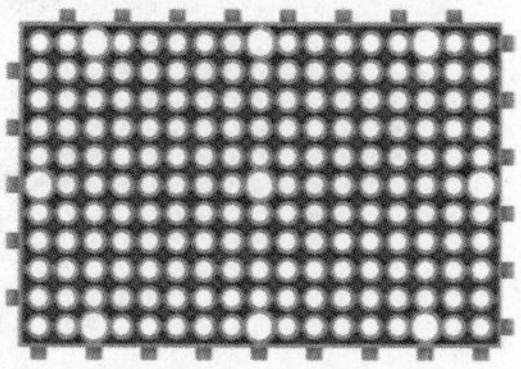	1 块	DC 马达	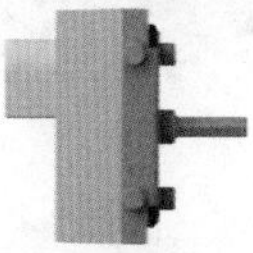	2 个
A4 连接模块		2 块	6V 电池夹		1 块
模块 311		2 块	红色轮子	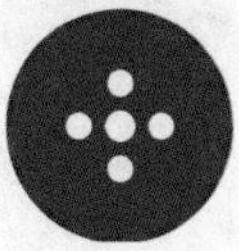	2 个
模块 321		2 块	小轮子	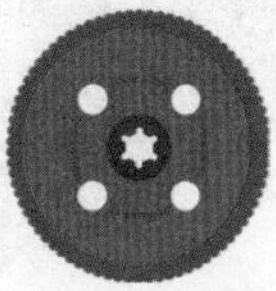	2 个
模块 55		2 块			

1

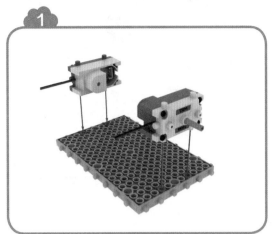

2

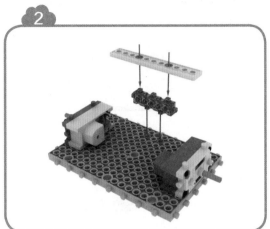

3

4 翻转

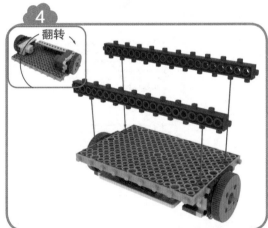

5

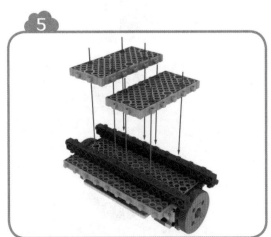

6

×2

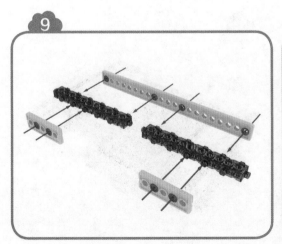

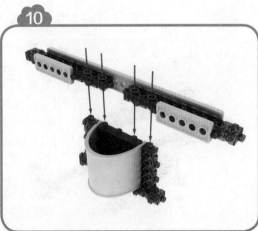

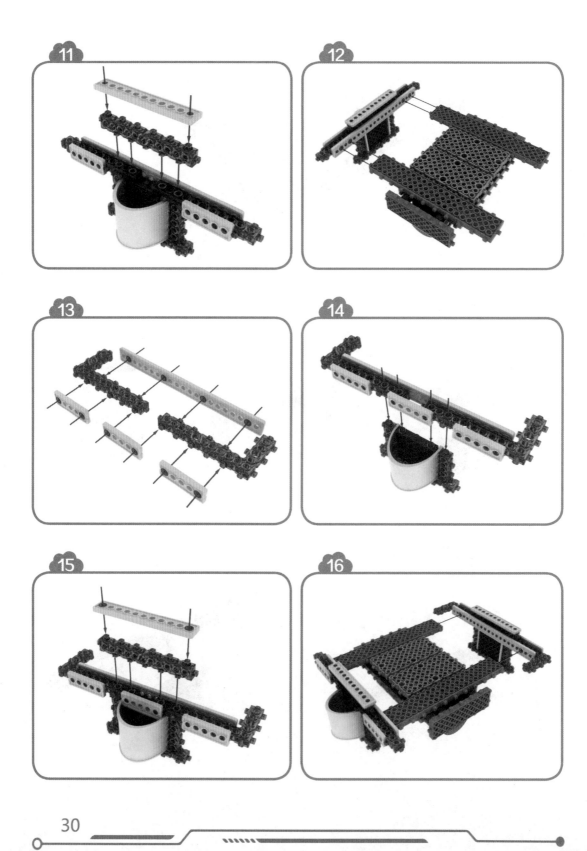

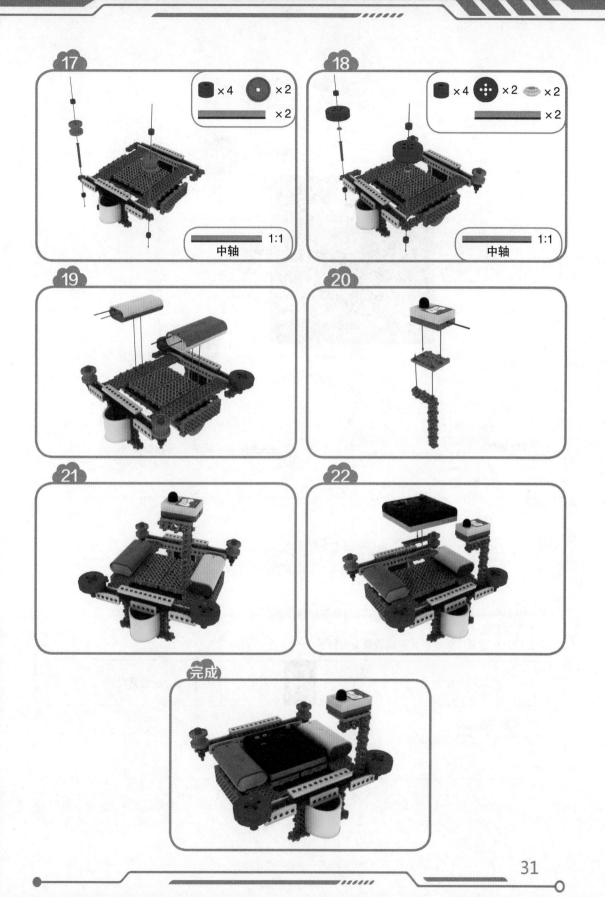

中轴

中轴

完成

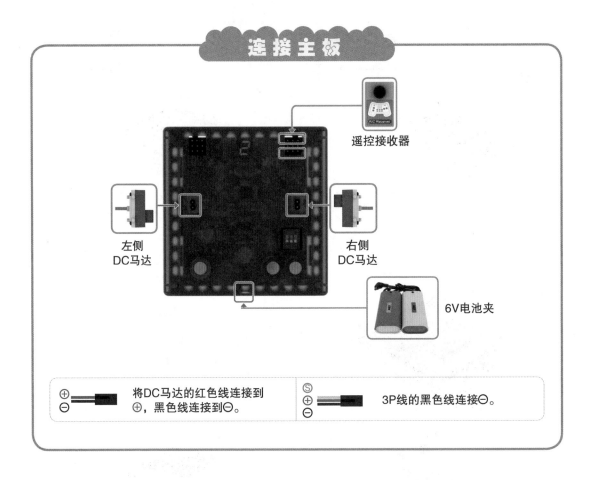

连接主板

遥控接收器

左侧
DC马达

右侧
DC马达

6V电池夹

| ⊕ ⊖ | 将DC马达的红色线连接到⊕，黑色线连接到⊖。 | Ⓢ ⊖ | 3P线的黑色线连接⊖。 |

模式设置

① 确认6V电池夹、DC马达及遥控接收器是否连接正确。
② 打开电源开关。
③ 按MODE设置按钮，将模式设置成下列图示。

MODE #2		遥控器模式

④ 设置遥控器的ID。
⑤ 按"开始"按钮，启动碰碰车。

图 3-5　拼装步骤及操作方法

想一想 说一说

（1）为什么碰碰车场地的地板要用金属？

（2）为什么金属地板上要洒石墨粉？

（3）为什么碰碰车互相碰撞而不会损坏？

搭一搭 试一试

（1）拼装完成的碰碰车是否容易控制？你能改进吗？

（2）可否给碰碰车添加枪、炮、长矛等，将它改造成一辆威力大的战车呢？

（3）和同学们进行一场碰碰车大战（图3-6）吧！

※ 和小朋友们一起玩有趣的碰碰车游戏吧。

图 3-6　竞技 / 游戏

结束整理

（1）请将作品拍照、保存。

（2）请将 6V 电池夹关闭并拆下。

（3）请将电子元器件拆下。

（4）请将模型拆除。

（5）请将所有配件放回原位。

（6）对照配件清单清点配件。

第4单元 鼓手考拉宝宝

 学习目标

◎ 了解考拉的基本生活习性。

◎ 了解鼓的基本知识。

◎ 了解爵士鼓的基本知识。

◎ 能够搭建鼓手考拉宝宝模型。

1 考拉

考拉（图4-1），学名树袋熊，又被称为无尾熊、树熊。它是澳大利亚国宝级的濒危保护动物。全世界只有在澳大利亚能够找到考拉。

考拉虽然被称作树袋熊，长相有点像小熊，但它却不是真正的熊。它属于有袋目动物。考拉性情温驯，体态憨厚，背上的短毛是灰褐色的，肚子上的毛是白色的，长着一对大耳朵、一个扁鼻子。

图4-1　考拉

考拉其实是有尾巴的，但它的尾巴非常短，像一个软软的"座垫"，能使考拉长时间舒适地坐在树上。考拉多数时间待在高高的树上，就连睡觉也不下来。它每天能睡上22个小时左右。清醒的时候，它们将大部分时间用来吃东西。考拉性情温驯，行动迟缓，反应极慢。

考拉只吃桉树（图4-2）的树叶和嫩枝，一般很少饮水，所以当地人称它为 Koala，意思就是"不喝水"。桉树叶（图4-3）是有毒的，而考拉已进化出一种功能，可以将这种毒素消化。其他动物吃不了桉树叶子。由于桉树的树叶硬且没什么营养，考拉每天要吃很多树叶才能保证有足够能量，但却也没有什么剩余能量可供储存。

图4-2　桉树

图4-3　桉树叶

考拉妈妈的肚子上有一个袋子，考拉宝宝出生后，就会生活在妈妈的袋子里（图4-4），直到1岁左右才离开。

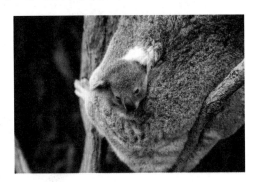

图4-4　袋子里的小考拉

❷ 鼓

鼓是一种打击乐器，一般的鼓外形像个圆桶，在圆桶的一面或两面蒙上一块拉紧的膜，用手或鼓槌敲击膜便可发出声音。

鼓在中国常被用于军队进攻信号、祭祀音乐、驱除猛兽、报时报警、戏剧表演等不同的场景。不同的场景也催生出了种类繁多的鼓，如腰鼓（图4-5）、大鼓（图4-6）、同鼓、花盆鼓、渔鼓等。

在西方乐器中，常见的有小鼓（图4-7）、定音鼓（图4-8）和爵士鼓（图4-9）等。

在非洲乐器中又有非洲鼓（图4-10）。

图4-5　腰鼓

图4-6　大鼓

图4-7　小鼓

图4-8　定音鼓

图4-9　爵士鼓

图4-10　非洲鼓

③ 爵士鼓

爵士鼓是西方爵士乐队中一种十分重要的打击乐器，它通常由1个脚踏的低音大鼓、1个军鼓、2个或以上嗵嗵鼓、1个或2个吊镲、1个节奏镲和1个带踏板的踩镲等组成。当然有时因演奏需要会增设一些如牛铃、木鱼、沙锤、三角铁、吊钟、音树等配件。不过，不管增设多少配件，爵士鼓都只由一人演奏，鼓手用鼓槌击打各部件使其发声。

爵士乐中常用的鼓槌一般有木制的鼓棒（图4-11），有由钢丝制成的鼓刷，有由一捆细木条捆成的束棒等。

图 4-11　木制鼓槌

动手实现

① 本单元创意拼装目标：鼓手考拉宝宝（图4-12）。

图 4-12　鼓手考拉宝宝模型

② 准备材料

按照表4-1所示的配件清单准备拼装材料，做好搭建准备。

表 4-1 配件清单

品名	图示	数量	品名	图示	数量
模块 15		4 块	喇叭传感器	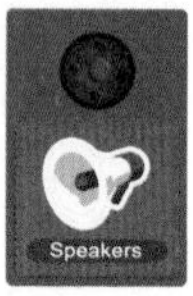	1 个
模块 111		6 块	遥控接收器		1 个
模块 35		2 块	小轮子		2 个
11 孔框架		2 块	模块 55		1 块
眼睛模块		2 块			
连接轴		3 个	模块 121		2 块
中轴		2 根	5 孔框架		2 块
轴模块		2 块			
曲柄模块		2 块	L 形模块		2 块
模块 511		3 块	主板		1 个
模块 311		3 块			
大护帽		5 个	DC 马达		2 个
小红帽		8 个			
引导轮		2 个	6V 电池夹		1 块

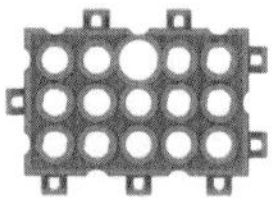

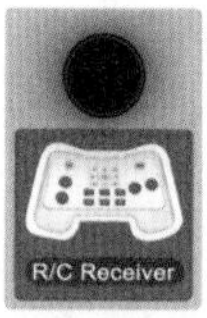

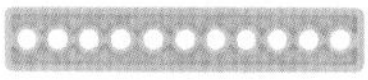

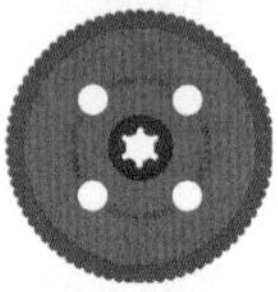

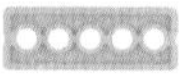

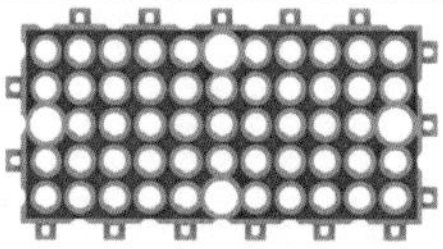

③ 动手搭一搭（图 4-13）

1

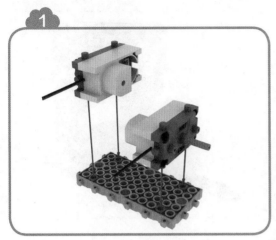

2

×2

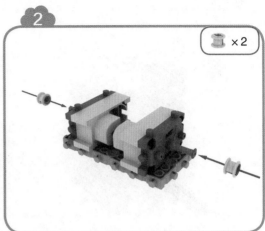

3

4

翻转

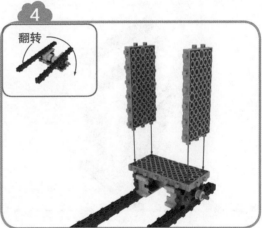

5

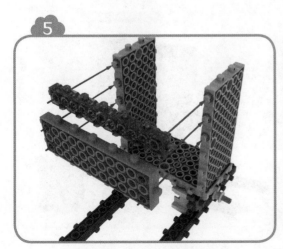

6

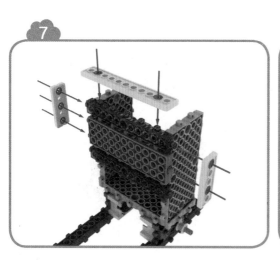

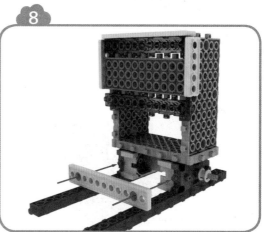

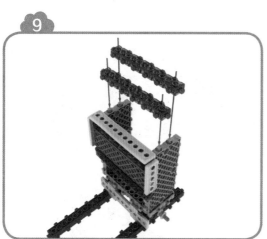

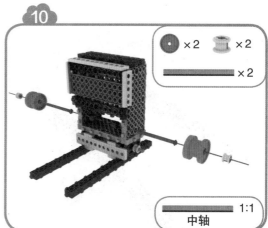

×2 ×2

×2

1:1

中轴

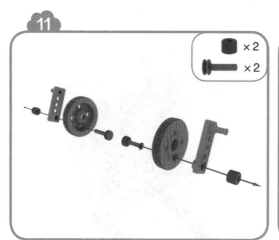

×2

×2

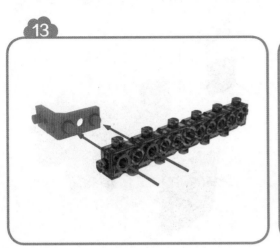

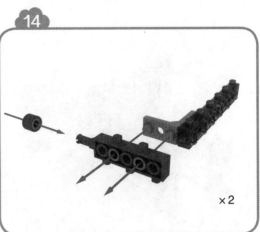

×2

翻转

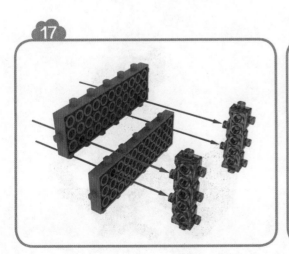

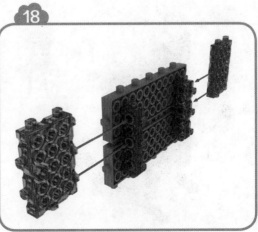

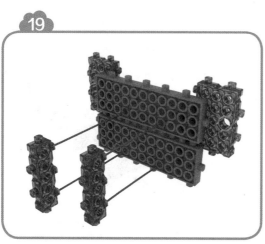

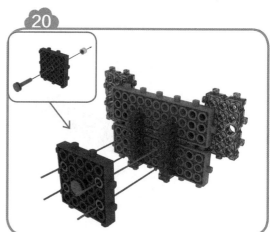

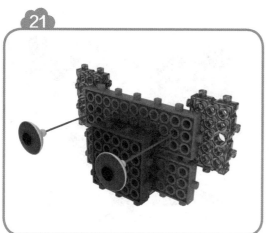

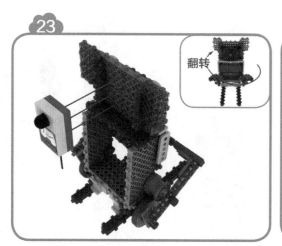

翻转

25

翻转

完成

连接主板

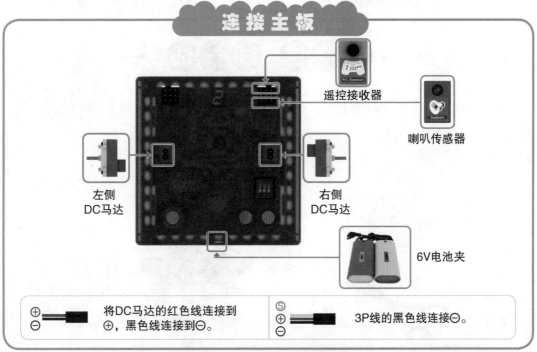

遥控接收器

喇叭传感器

左侧
DC马达

右侧
DC马达

6V电池夹

⊕ ⊖	将DC马达的红色线连接到⊕，黑色线连接到⊖。	⊖ ⊕ ⊖	3P线的黑色线连接⊖。

模式设置

① 确认6V电池夹、DC马达、遥控接收器及喇叭传感器是否连接正确。
② 打开电源开关。
③ 按MODE设置按钮，将模式设置成下列图示。

MODE #2		遥控器模式

④ 设置遥控器的ID。
⑤ 按"开始"按钮，启动鼓手考拉宝宝。

图 4-13 拼装步骤及操作方法

（1）你觉得为什么考拉行动会如此缓慢？

（2）你觉得考拉睡觉时间这么长，容易长胖吗？

（3）你能用鼓来传递信号吗？

（1）除了使用纸杯来制作鼓（图4-14）外，能否利用生活中的其他物品来制作考拉宝宝的鼓？

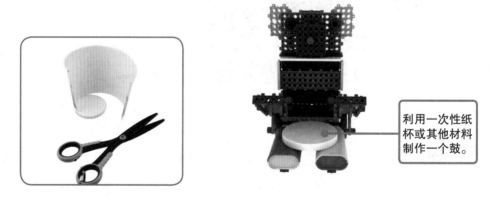

利用一次性纸杯或其他材料制作一个鼓。

※ 利用一次性纸杯等材料做一个小鼓，让小熊打鼓吧。

图 4-14 使用纸杯制作鼓

（2）你能够和同学们一起，分别制作不同音色的鼓，并举行一场打击乐音乐会吗？

（1）请将作品拍照、保存。

（2）请将 6V 电池夹关闭并拆下。

（3）请将电子元器件拆下。

（4）请将模型拆除。

（5）请将所有配件放回原位。

（6）对照配件清单清点配件。

第5单元 拳击机器人

 学习目标

◎ 初步了解拳击运动。

◎ 初步了解曲柄摇杆机构。

◎ 能够搭建拳击机器人模型。

◎ 能够更改本例机器人的用途。

① 拳击（Boxing）

拳击是一项历史悠久的体育运动。拳击比赛在两位拳击选手之间进行。比赛时，两位选手需佩戴拳击手套、口咬防止牙齿受伤的护齿（图 5-1），男性另需穿护裆，然后按照一定的规则进行攻击与防御。

拳击比赛分为业余拳击比赛和职业拳击比赛两种。在职业拳击比赛中，选手不能穿护甲。职业拳击手是不能参加奥运会的。业余拳击比赛的最高荣誉是获得奥运会冠军。

图 5-1　拳击手套与护齿

拳击比赛中的一回合一般用时 3 分钟，回合之间休息 1 分钟。在这 3 分钟内，如果一方被击倒，并且经过裁判读秒（10 秒）后，仍无法起身，则另一方获胜（KO）了。如果 3 分钟内，双方都没有倒下起不来，那就靠点数来判断胜负。点数的计算方法是：拳手用拳头击打对方头或腰以上部位的正面或侧面，为有效击中，每击中一次得 1 点。每一回合结束后，占优势的运动员可得 20 分，处于劣势的运动员的得分相对减少；如果双方实力不分高低，也可各得 20 分。

拳击运动是一项对抗十分激烈的运动，因此，手部、脸部、头部都容易受伤。拳击运动员都是经过专业培训过的。小朋友们没有受过培训，是不可以自己尝试拳击哦。

② 曲柄摇杆机构

曲柄摇杆机构是由一个曲柄和一个摇杆组成。曲柄是固定在一个地方，能够绕固定轴做圆周转动（图 5-2）。曲柄带动连杆运动，连杆又带动摇杆做往返摆动。也可以反过来，由摇杆带动连杆，连杆带动曲柄做圆周运动。汽车的发动机就是使用曲柄摇杆机构，带动轮子转动的。曲柄摇杆机构还可以用在缝纫机的脚踩机构上等。

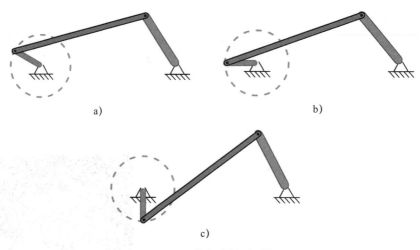

a)

b)

c)

图 5-2　曲柄摇杆机构

动手实现

① 本单元创意拼装目标：拳击机器人（图 5-3）。

图 5-3　拳击机器人模型

② 准备材料

按照表 5-1 所示的配件清单准备拼装材料，做好搭建准备。

表 5-1　配件清单

品名	图示	数量	品名	图示	数量
模块 15		1 块	连接护帽		1 个
模块 111		4 块	小红帽		10 个
模块 135	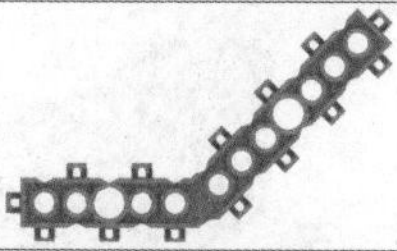	4 块	大护帽		7 个
11 孔框架		2 块	小护帽		4 个
连接轴		4 个	曲柄模块		2 块
短轴		3 根			
中轴		2 根	模块 55		1 块
长轴		1 根			
遥控接收器		1 个	5 孔框架		3 块
			5 孔连接框架		1 块
齿轮模块		4 块	主板		1 个
眼睛模块		2 块	DC 马达	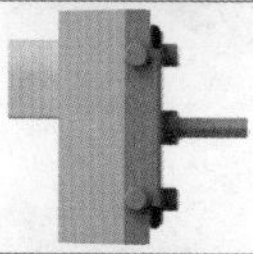	2 个
模块 511	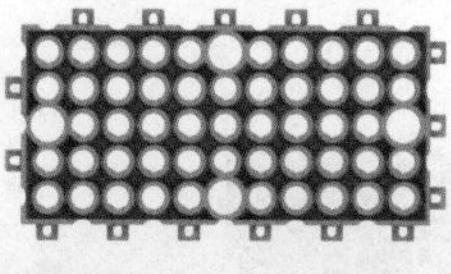	3 块	6V 电池夹		1 块
模块 1117	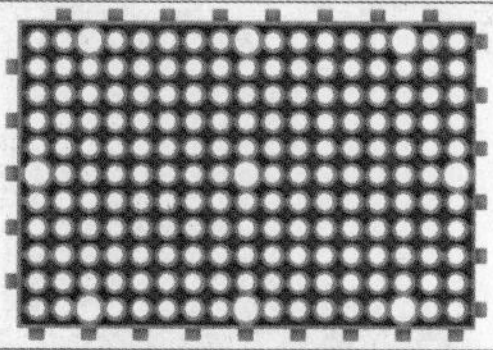	1 块	红色轮子		2 个
模块 311		3 块	小轮子	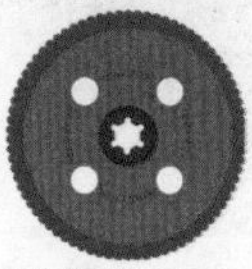	2 个

1

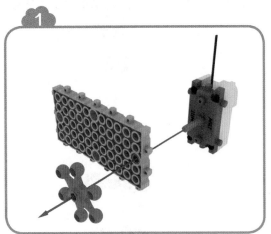

2

×1
×1

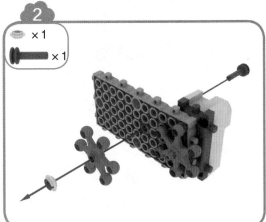

3

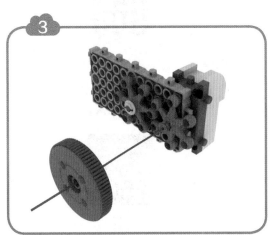

4

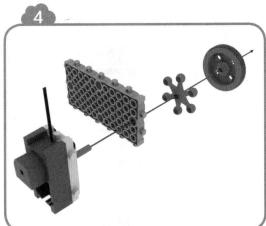

5

6

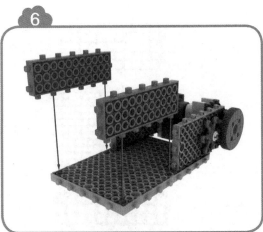

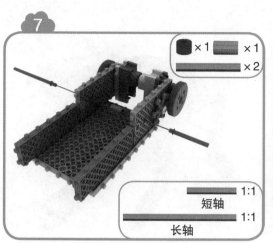

7

×1 ×1
×2

1:1
短轴
1:1
长轴

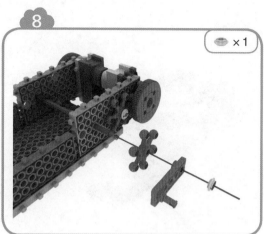

8

×1

9

×1 ×2

10

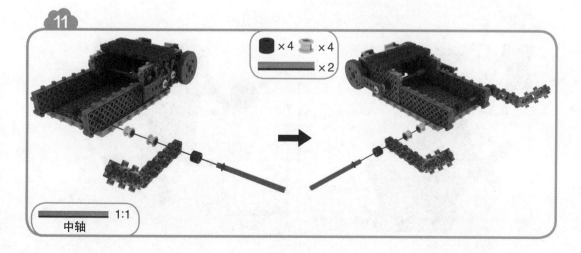

11

×4 ×4
×2

1:1
中轴

12

13

翻转

14

×2

×2

翻转

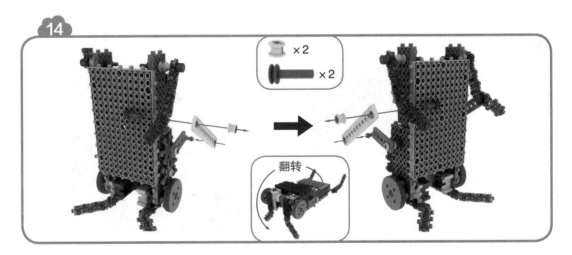

15

翻转

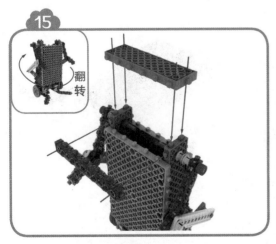

16

×4

×2

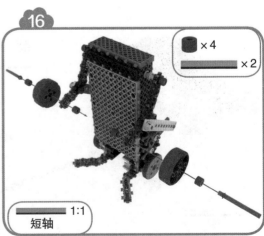

1:1

短轴

17

18

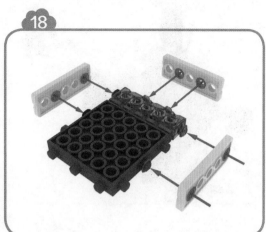

19

×1
×1

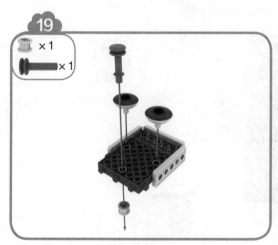

20

21

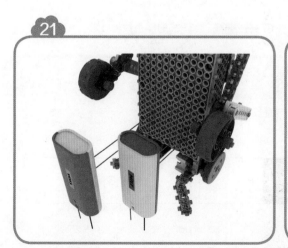

22

翻转

完成

连接主板

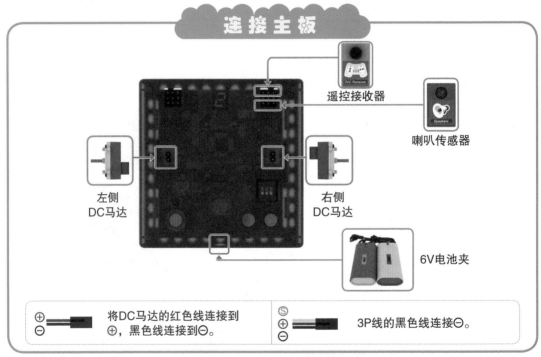

遥控接收器

喇叭传感器

左侧
DC马达

右侧
DC马达

6V电池夹

⊕ ⊖	将DC马达的红色线连接到⊕，黑色线连接到⊖。	Ⓢ ⊕ ⊖	3P线的黑色线连接⊖。

模式设置

① 确认6V电池夹、DC马达、遥控接收器及喇叭传感器是否连接正确。
② 打开电源开关。
③ 按MODE设置按钮，将模式设置成下列图示。

MODE #2		遥控器模式

④ 设置遥控器的ID。
⑤ 按"开始"按钮，启动拳击机器人。

图 5-4   拼装步骤及操作方法

（1）仔细观察拳击机器人，你能说出哪个配件担任了曲柄的角色，哪个配件担任了摇杆的角色吗？

遥控接收器

（2）你所搭建完成的机器人有没有什么缺点？你觉得要怎样改进呢？

搭一搭 试一试

（1）尝试改进拳击机器人，然后和同学们来一场激烈的拳击赛（图5-5）吧。

※ 和小朋友们一起玩有趣的拳击比赛吧。

图5-5　竞技/游戏

（2）想一想所搭建的机器人还可以用来做什么，看谁的点子多。

结束整理

（1）请将作品拍照、保存。

（2）请将 6V 电池夹关闭并拆下。

（3）请将电子元器件拆下。

（4）请将模型拆除。

（5）请将所有配件放回原位。

（6）对照配件清单清点配件。

第6单元 开合桥

 学习目标

◎ 了解什么是开合桥。

◎ 理解常见开合桥的开合方式。

◎ 了解几座著名的开合桥。

◎ 理解定滑轮的作用。

◎ 理解动滑轮的作用。

◎ 能够搭建开合桥模型。

1 开合桥

开合桥是指桥面部分可以打开、关闭的桥。打开的时候，比较高的船只可以通过；关闭的时候，桥面可以让行人和车辆通过。开合桥，一般会用在行人和车辆不太多的桥上。打开和关闭有很多不同的方式，因此就有了吊拉桥、上开桥（图 6-1）、折叠桥、卷桥（图 6-2）、升降桥（图 6-3）、桌桥、伸缩桥、旋开桥、潜水桥、倾斜桥、平转桥、运渡桥等。

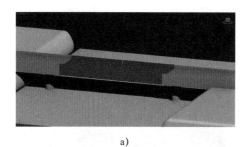

a)

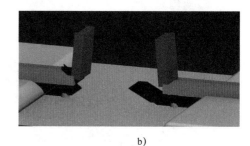

b)

图 6-1 上开桥的开合

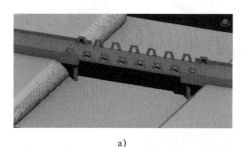

a)

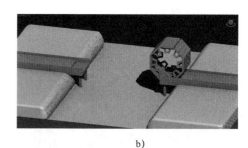

b)

图 6-2 卷桥的开合

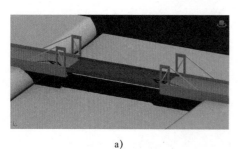

a)

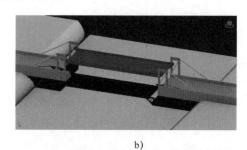

b)

图 6-3 升降桥的开合

（1）伦敦塔桥（Tower Bridge） 伦敦塔桥（图6-4）是英国伦敦的一座横跨泰晤士河的高塔式铁桥,桥有两个桥塔,每个塔高65米。桥的中部长61米,分为上下两层。上层高而窄,可作为人行道。下层是主通道,分为两扇桥段,每扇可以竖起到83度来让河上的船只通过。两扇桥端各重上千吨,现在的桥端是用马达来控制开合的。

a)   b)

图 6-4 伦敦塔桥

（2）大学桥（University Bridge） 大学桥位于美国华盛顿州西雅图,是世界上跨度最大的开合桥,桥的最大跨径长为66米。

（3）天津金汤桥 天津金汤桥（图6-5）始建于1906年,是目前我国仅存的三跨平转式开启的钢结构桥梁。在著名的平津战役中,中国人民解放军集中5个军、22个师约34万

图 6-5 天津金汤桥

人组成东西两个突击集团对天津守敌发起总攻。西突击集团由38军、39军、43军128师组成,自西营门突破;东突击集团由44军、45军组成,自民族门、民权门突破。两集团同时向金汤桥挺进,于1949年1月15日凌晨5时,在金汤桥上胜利会师,因此金汤桥又成为象征天津市解放的标志性建筑。

③ 滑轮

滑轮（图6-6）是可以绕着中心旋转的圆轮。在圆轮的周边有凹槽,将绳索缠绕于凹槽,用力牵拉绳索两端的任一端,则绳索与圆轮之间的摩擦力会促使圆轮绕中心转动。

图 6-6 滑轮

使用时，滑轮的中心位置固定不动的滑轮称之为定滑轮。定滑轮只能改变用力的方向，如将向上拉动变成向下拉动（图6-7）。

使用时，滑轮的中心位置跟着被拉物体一起运动的滑轮称之为动滑轮（图6-8）。动滑轮最多可以省一半力。

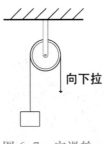

图6-7 定滑轮

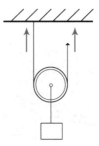

图6-8 动滑轮

① **本单元创意拼装目标：开合桥（图6-9）。**

图6-9 开合桥模型

② **准备材料**

按照表6-1所示的配件清单准备拼装材料，做好搭建准备。

表 6-1　配件清单

品名	图示	数量	品名	图示	数量
模块 15		6 块	引导轮		2 个
90 度模块	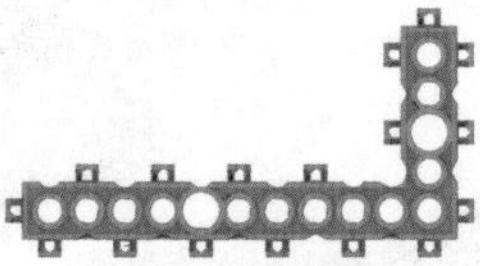	4 块	红外线传感器		1 个
模块 35	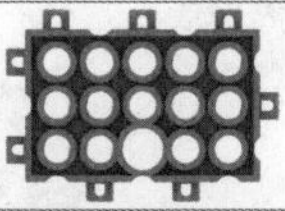	2 块	A3 连接模块		8 块
马达固定模块		1 块	模块 121		4 块
中轴		5 根	11 孔连接框架		1 块
长轴		2 根	小轮子		4 个
连接护帽		4 个			
小红帽		12 个	橡皮框架		4 块
大护帽		5 个			
模块 511	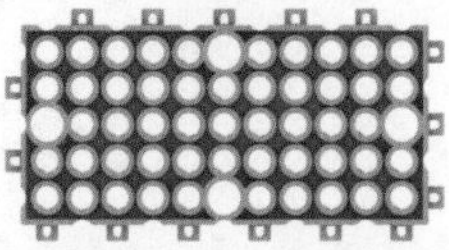	6 块	主板		1 个
模块 523	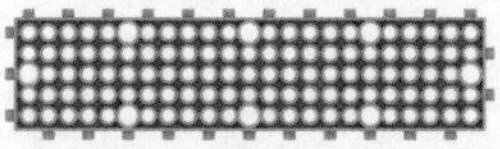	2 块	DC 马达		2 个
模块 1117	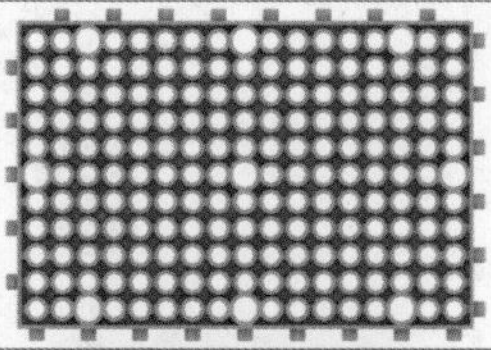	2 块	6V 电池夹		1 块
A4 连接模块		8 块			
模块 311		6 块	遥控接收器		1 个
模块 321		4 块			
5 孔连接框架		4 块			

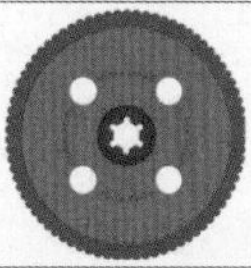

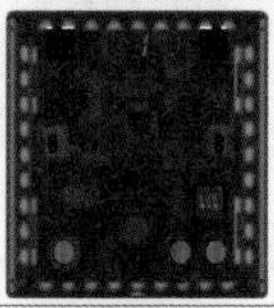

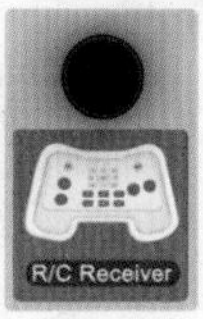

3 动手搭一搭（图6-10）

1

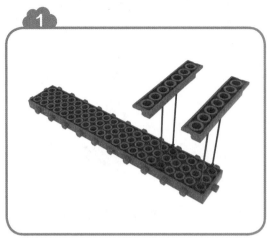

2

3

×1

×1

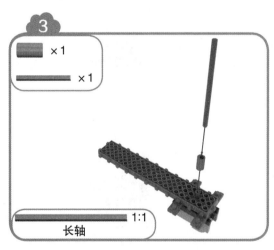

1:1
长轴

4

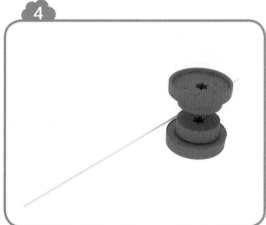

5

×1

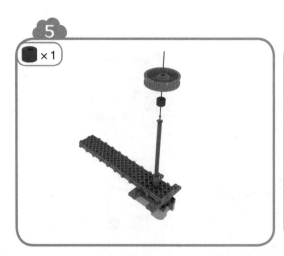

6

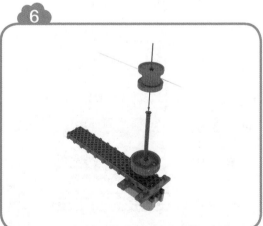

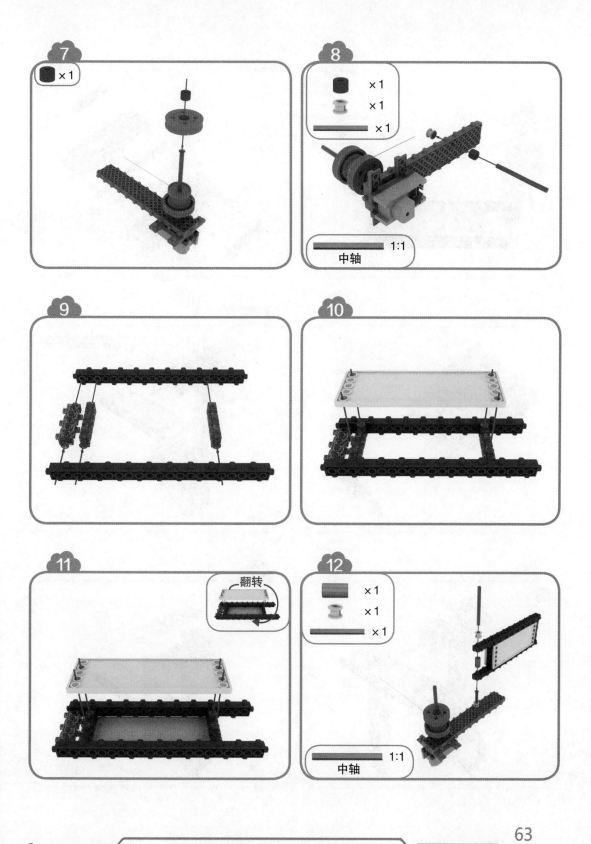

翻转

×1
×1
×1
中轴 1:1

×1
×1
×1
中轴 1:1

×1

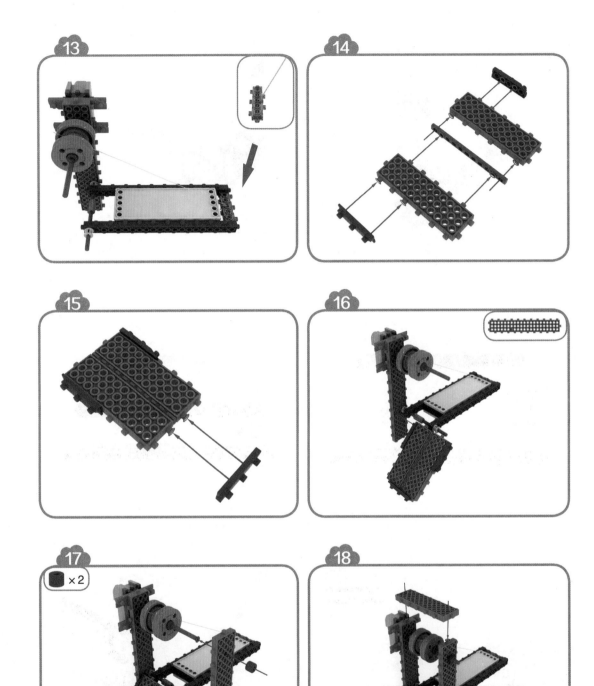

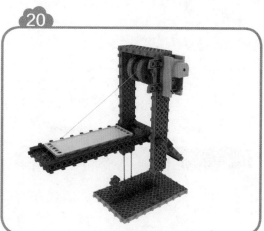

右视图

左视图

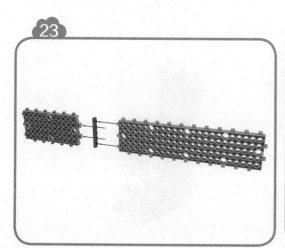

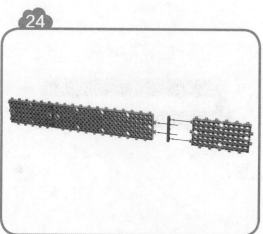

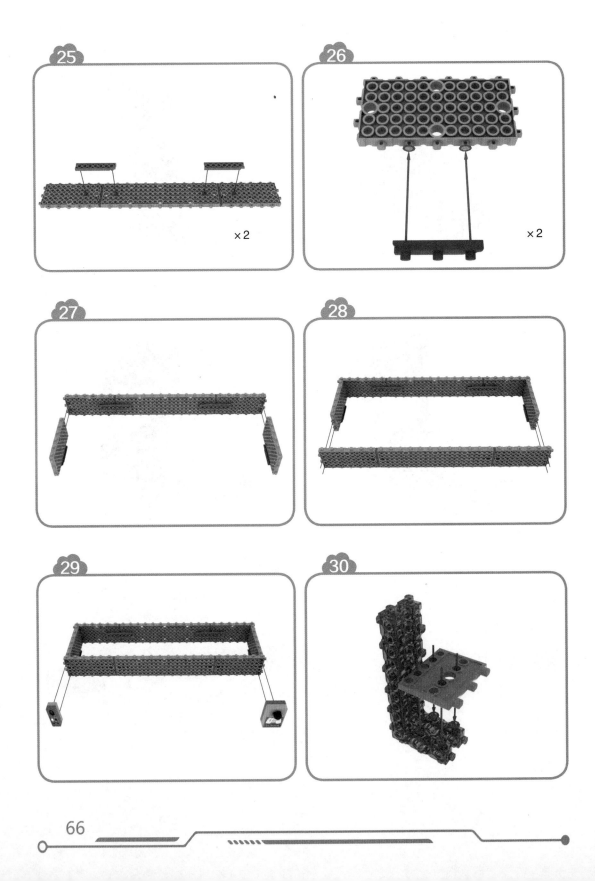

31

×2
×1
×1

1:1
中轴

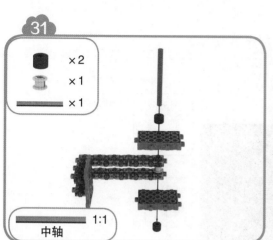

32

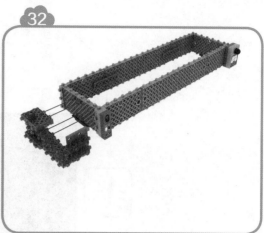

33

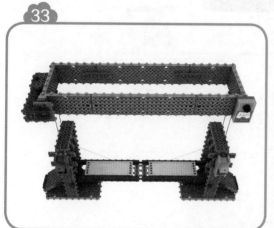

34

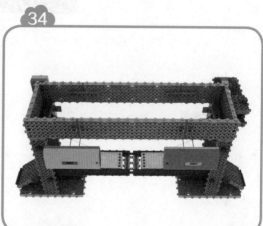

35

完成

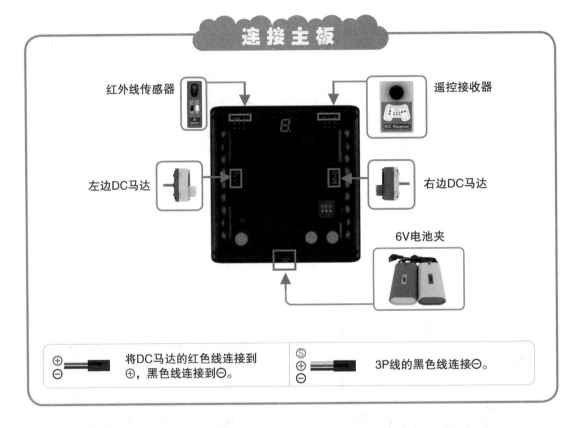

连接主板

红外线传感器

遥控接收器
R/C Receiver

左边DC马达

右边DC马达

6V电池夹

| ⊕ ⊖ | | 将DC马达的红色线连接到⊕，黑色线连接到⊖。 | Ⓢ ⊕ ⊖ | | 3P线的黑色线连接⊖。 |

模式设置

① 把6V电池夹、DC马达、红外线传感器以及遥控接收器连接到主板。
② 打开主板电源开关。
③ 把主板设置为以下模式。

8# 模式	8.	遥控器模式

④ 设置遥控器的ID。
⑤ 按"开始"按钮，启动开合桥。

图 6-10   拼装步骤及操作方法

想一想 说一说

（1）本单元搭建的开合桥，使用的是定滑轮还是动滑轮？

（2）如果在拎东西的时候，既想改变方向，又想省力，有没有解决方法？

（3）你觉得所搭建的开合桥可能有哪些优缺点？

搭一搭 试一试

跟同学们一起，试试能不能搭建出"大开眼界"中介绍的其他开合桥（图 6-11）。

※ 和小朋友一起搭建其他开合桥。

图 6-11 竞技 / 游戏

结束整理

（1）请将作品拍照、保存。

（2）请将 6V 电池夹关闭并拆下。

（3）请将电子元器件拆下。

（4）请将模型拆除。

（5）请将所有配件放回原位。

（6）对照配件清单清点配件。

垂直电梯

 学习目标

◎ 了解垂直电梯和扶手电梯的区别。

◎ 了解垂直电梯的基本组成部分。

◎ 了解垂直电梯的安全性。

◎ 养成良好的电梯搭乘习惯。

◎ 能够搭建出简单的垂直电梯模型。

◎ 能够根据垂直电梯的原理进行扩展搭建。

① 电梯

在我们日常生活中，经常看到两种电梯：一种是直上直下的，我们叫垂直电梯（Elevator）（图 7-1）；一种是像楼梯那样倾斜的，我们叫扶手电梯（Escalator）（图 7-2）。

图 7-1　垂直电梯

图 7-2　扶手电梯

② 垂直电梯的组成部分

垂直电梯一般有几个基本的组成部分。站人或载货的部分叫"轿厢"；把轿厢拉上去的部分，我们叫"对重"；还有一个把轿厢和对重来回拉的部分，叫"曳（yè）引机"。垂直电梯组成示意图如 7-3 所示。

③ 垂直电梯的安全性

垂直电梯有很多保证安全的措施。

第一，拉住轿厢的钢缆，根据国家相关规定，它的强度必须是它需要拉住重量的 12 倍。例如，需要拉住重 1 吨的轿厢，钢缆要能够拉住 12 吨的重量而不会断。而且，一般垂直电梯都不是用 1 根这样的钢缆，而是 4 根以上这样的钢缆。另外，国家相关规定还要求电梯运营企业对垂直电梯要定期

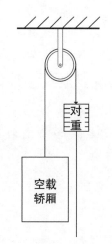

图 7-3　垂直电梯组成示意图

维护，一旦发现钢缆有磨损需及时更换（图7-4）。

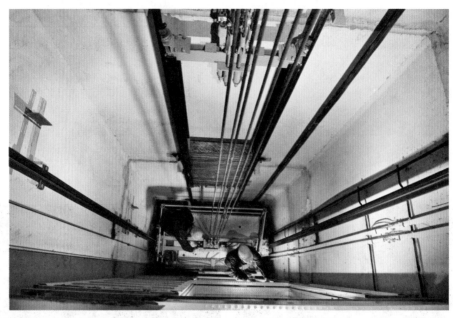

图7-4　垂直电梯围护图

第二，如果垂直电梯突然加速或减速过快，速度一旦超过电梯设计速度的115%时，有一个叫限速器的控制部件，它就会让电梯减速或停止运行。

第三，如果垂直电梯到了最高的楼层停不住，一直往上走；或者到了最低的楼层停不住一直往下走，就会有限位器（图7-5）对电梯进行限位，使垂直电梯不能"上天""入地"。

图7-5　垂直电梯限位器

第四，如果垂直电梯遇到突然停电，安全装置会让电梯停止运行，并将电梯轿厢完全锁死在导轨上。另外，电梯备有应急电源，遇到停电，还能够让电梯短时间运行，将轿厢送到安全楼层。

第五，在垂直电梯中，都有紧急报警装置（图7-6）。一旦遇到电梯故障，轿厢中的人员就可以通过紧急报警系统，与电梯管理人员取得联系，获得援助。

图7-6　垂直电梯紧急按钮

4 垂直电梯使用安全注意事项

（1）不要在发生火灾、地震时搭电梯。

（2）不要在轿厢内蹦蹦跳跳。

（3）不要硬扒、硬撬电梯门。

（4）不能超载。

（5）不要乱按电梯按钮。

（6）不要倚靠电梯门站立。

动 手 实 现

1 本单元创意拼装目标：垂直电梯（图7-7）。

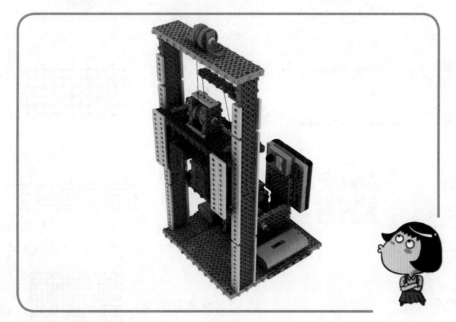

图7-7　垂直电梯模型

2 准备材料

按照表7-1所示的配件清单准备拼装材料，做好搭建准备。

表 7-1　配件清单

品名	图示	数量	品名	图示	数量
轴模块		2 块	21 孔框架	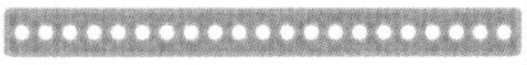	4 块
模块 111		1 块	大齿轮		1 个
模块 35	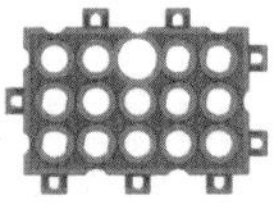	4 块	L 形模块		3 块
中轴		2 根	模块 511	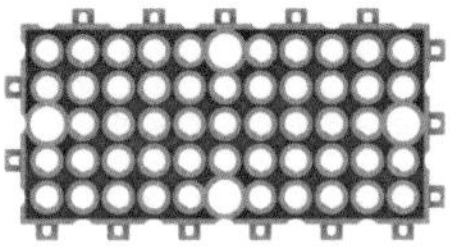	6 块
长轴		1 根			
马达固定模块		2 块	模块 523	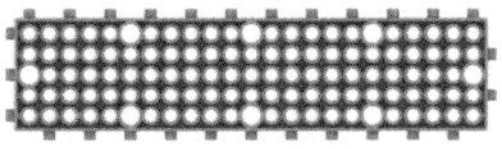	2 块
5 孔框架		7 块	模块 1117	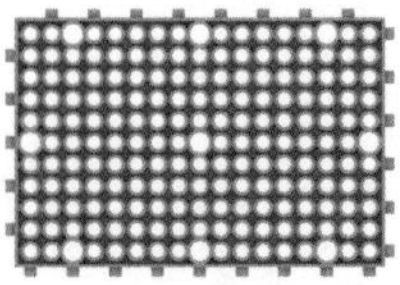	2 块
11 孔框架	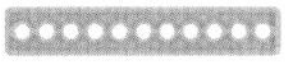	8 块	A4 连接模块		4 块

（续）

品名	图示	数量	品名	图示	数量
模块 311		2 块	小护帽		5 个
模块 321		4 块	小红帽		1 个
5 孔 连接框架		1 块	引导轮		2 个
11 孔 连接框架		9 块	小轮子	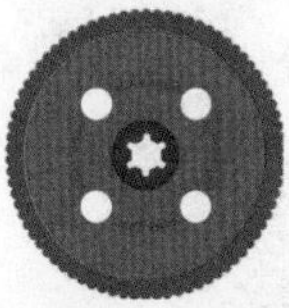	2 个
A3 连接模块		4 块	主板	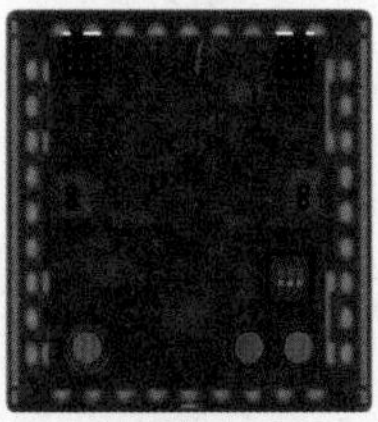	1 个
模块 121		4 块			
小齿轮		1 个	DC 马达		1 个
大护帽		3 个	6V 电池夹		1 块

3 动手搭一搭（图7-8）

1

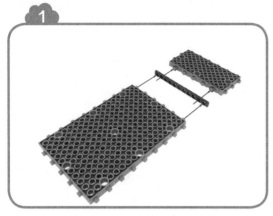

2

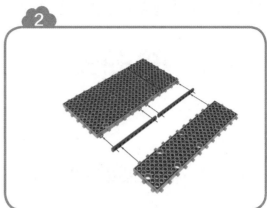

3

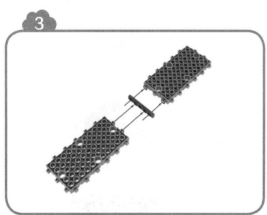

4

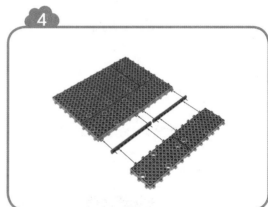

5

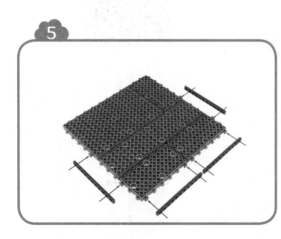

6

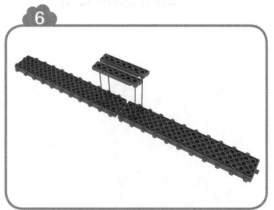

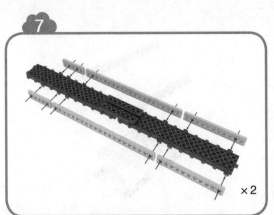

×2

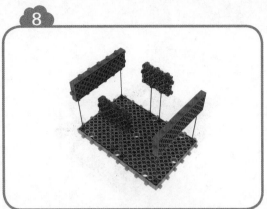

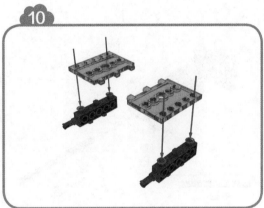

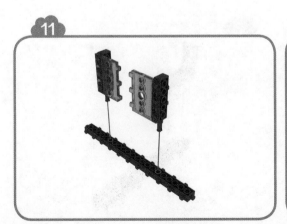

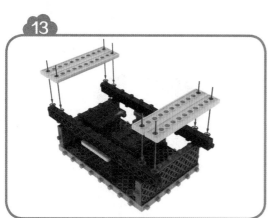

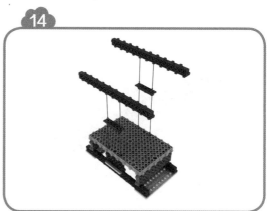

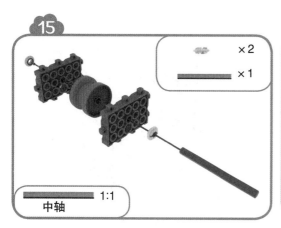

×2
×1

1:1
中轴

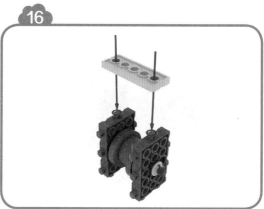

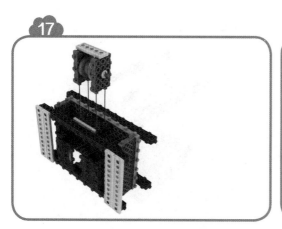

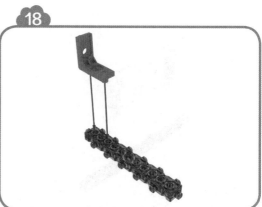

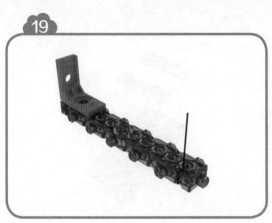

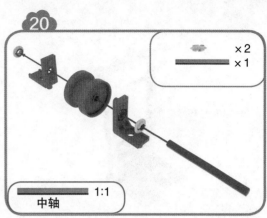

×2
×1

1:1
中轴

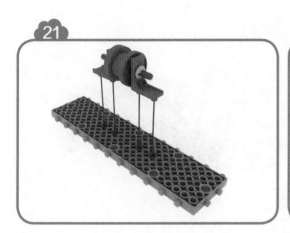

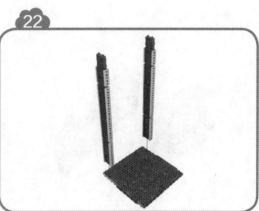

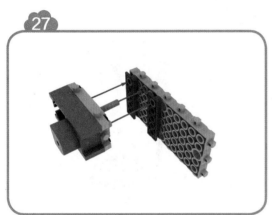

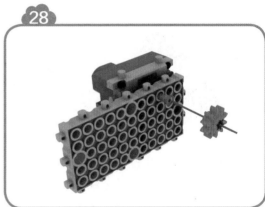

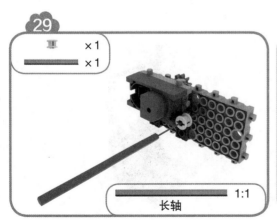

× 1

× 1

1:1

长轴

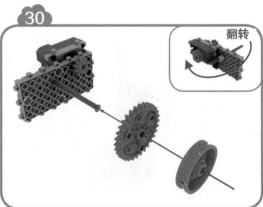

翻转

31

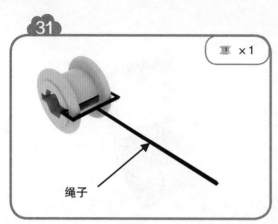

×1

绳子

32

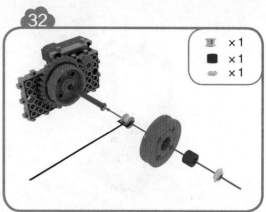

×1
×1
×1

33

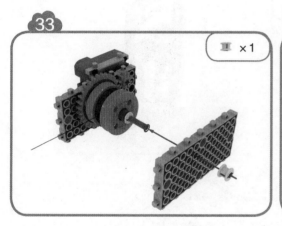

×1

34

35

36

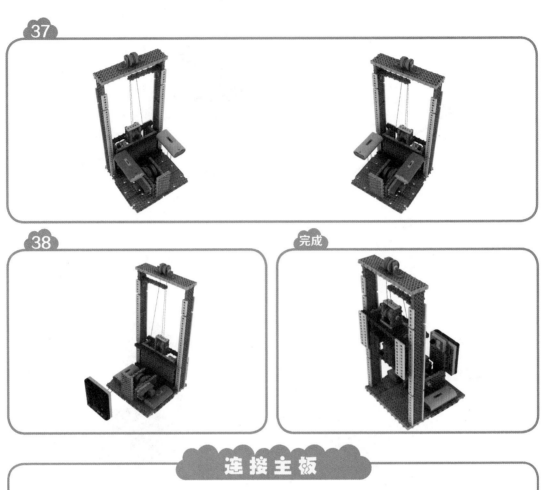

37

38

完成

连接主板

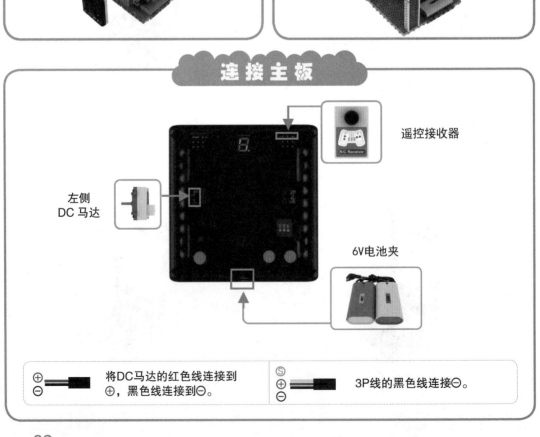

遥控接收器

左侧
DC 马达

6V电池夹

将DC马达的红色线连接到⊕，黑色线连接到⊖。

3P线的黑色线连接⊖。

模式设置

①把6V电池夹、DC马达和遥控接收器连接到主板。

②打开主板电源开关。

③把主板设置为以下模式。

2#模式		遥控器模式

④设置遥控器的ID。

⑤按"开始"按钮,启动垂直电梯。

图 7-8　拼装步骤及操作方法

（1）垂直电梯用到的是定滑轮还是动滑轮？

（2）看看学校、居民楼里的电梯，看各自最大的载重量是多少？

（3）垂直电梯说明中经常标有可以乘坐多少人、总重量多少，你认为两者是以重量为准还是以人数为准？为什么？

（4）为什么不要倚靠电梯门站立？

（5）如果垂直电梯出现故障应该怎么做？

（1）和同学们一起合作，试试能不能搭建一座更高的电梯？

（2）有没有办法让电梯每层楼都停一下（图7-9）呢？

图 7-9　控制电梯楼层停止

（1）请将作品拍照、保存。

（2）请将 6V 电池夹关闭并拆下。

（3）请将电子元器件拆下。

（4）请将模型拆除。

（5）请将所有配件放回原位。

（6）对照配件清单清点配件。

 学习目标

◎ 了解坦克和坦克的特点。

◎ 了解履带在坦克中的功能及作用。

◎ 能够搭建坦克模型。

① 坦克

坦克（图8-1）是陆军的主要武器之一。它的特点是有强大的火力、灵活的越野能力以及装甲防护力。强大的火力体现在坦克一般装备有几挺机枪和大口径火炮，甚至还可能发射反坦克导弹或防空导弹。灵活的越野能力来自于坦克的履带。装甲防护力来自于全身带有很厚的复合金属装甲，厚度有几十毫米到几百毫米，甚至最厚的地方厚度有上千毫米，一般枪弹无法穿透。

图8-1　坦克

坦克可原地掉头，只要把一边的履带完全停住，靠另一边履带产生的动力就可以带动坦克在原地转向了。坦克一般有可以旋转的炮塔。

② 履带

当遇到一些沟时，行人和车辆如何通过呢？一个方法是在沟上铺设一些木板作为支撑使行人和车辆通过。

而坦克的履带（图8-2）就像是给坦克铺设了一条路，遇到陡坡、宽壕、沼泽、田野时，都像边走边铺路，然后又把路收起来继续用。

图8-2　履带

我们将一块铁块放在水里，铁块会立即下沉；而如果我们放一块与铁块相同重量的铁薄片在水里时，薄片就会浮在水面上，这是因为重量分散在整块薄片上的原因。履带也是起这样的作用。坦克很重，履带可以将坦克的重量分散在更大的面积上，遇到松散的地面时，不容易下陷。

日常生活中，很多拖拉机、挖掘机（图8-3）、推土机（图8-4）等都使用了履带。

图 8-3　挖掘机

图 8-4　推土机

动手实现

1 **本单元创意拼装目标：坦克（图8-5）。**

图 8-5　坦克模型

2 **准备材料**

按照表8-1所示的配件清单准备拼装材料，做好搭建准备。

表 8-1 配件清单

品名	图示	数量	品名	图示	数量
模块 111		4 块	喇叭传感器	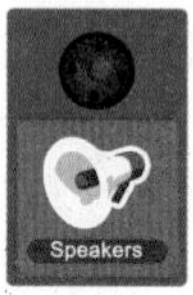	1 个
90 度模块	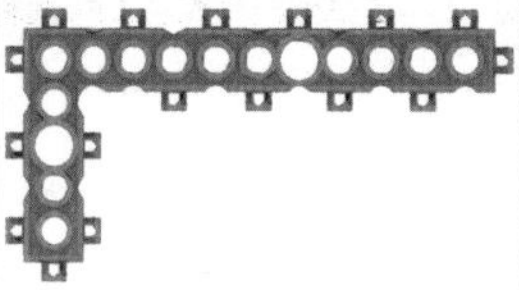	4 块	模块 511	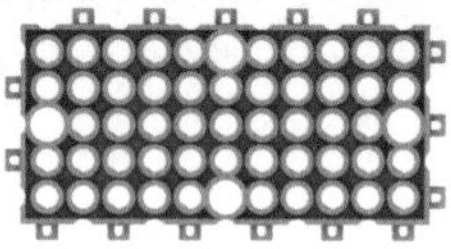	3 块
模块 35	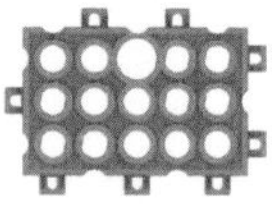	2 块	小红帽		7 个
马达 固定模块		2 块	大护帽		2 个
11 孔框架		3 块	小护帽		2 个
中轴		2 根	引导轮		2 个
长轴		1 根	履带		38 个

品名	图示	数量	品名	图示	数量
链条轮		2 个	5 孔连接框架		2 块
			11 孔连接框架		1 块
遥控接收器		1 个	主板	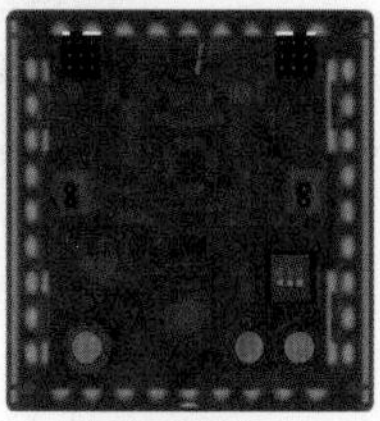	1 个
模块 55		1 块	DC 马达		2 个
5 孔框架		4 块	6V 电池夹		1 块

3 动手搭一搭（图 8-6）

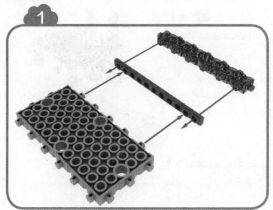

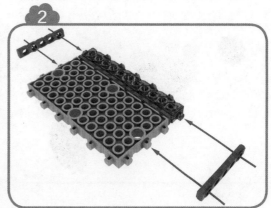

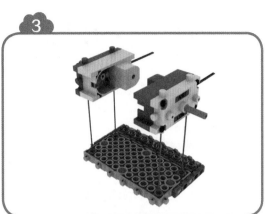

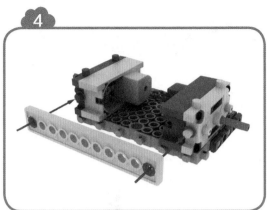

翻转

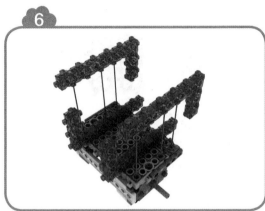

×2

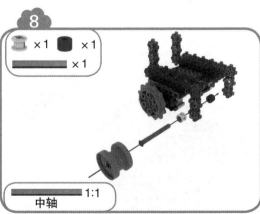

×1　×1

×1

1:1

中轴

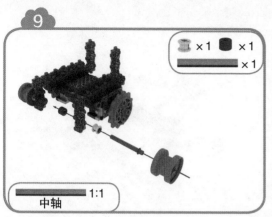

9

×1 ■ ×1

──── ×1

1:1
中轴

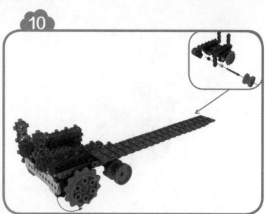

10

11

×19

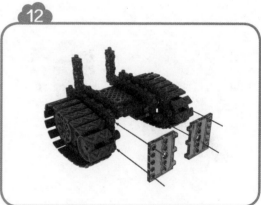

12

13

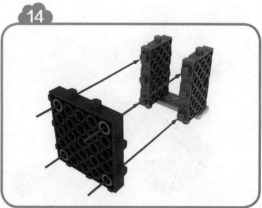

14

15

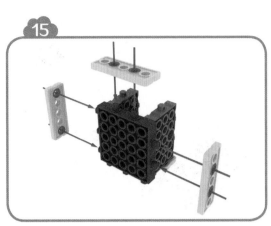

16

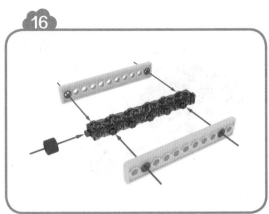

17

18

■ ×4
▬▬▬ ×1

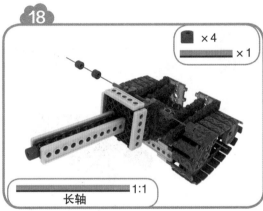

▬▬▬▬▬ 1:1
长轴

19

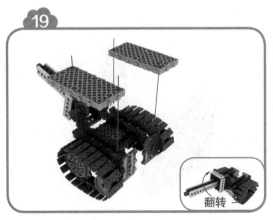

翻转

20

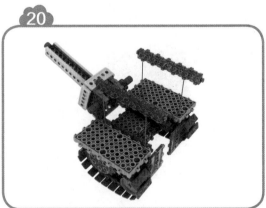

翻转

完成

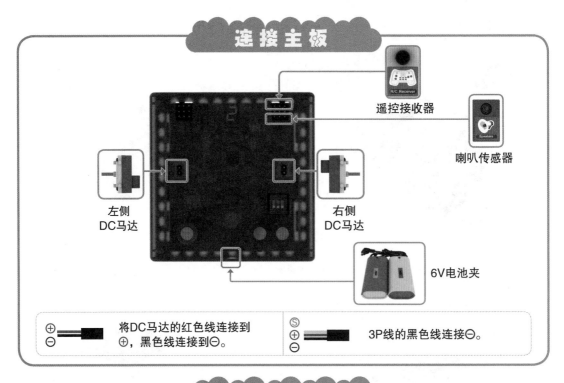

连接主板

遥控接收器

喇叭传感器

左侧 DC马达

右侧 DC马达

6V电池夹

⊕⊖ ▬▬ 将DC马达的红色线连接到⊕，黑色线连接到⊖。

Ⓢ⊕⊖ ▬▬ 3P线的黑色线连接⊖。

模式设置

①确认6V电池夹、DC马达、遥控接收器及喇叭传感器是否连接正确。

②打开电源开关。

③按MODE设置按钮，将模式设置成下列图示。

MODE #2		遥控器模式

④设置遥控器的ID。

⑤按"开始"按钮，启动坦克。

图 8-6 拼装步骤及操作方法

想 一 想 说 一 说

（1）坦克靠装甲来抵挡攻击，那么，是不是装甲越厚越好呢？

（2）仔细观察履带，你能发现履带有什么样的特点？为什么要有这样的特点呢？

（1）和同学们一起，在校园内的沙池中做出壕沟、陡坡。把你设计的坦克放进来，看看在这样的地形中它能不能顺利前行。

（2）尝试将坦克的炮塔改为旋转炮塔。

（1）请将作品拍照、保存。

（2）请将 6V 电池夹关闭并拆下。

（3）请将电子元器件拆下。

（4）请将模型拆除。

（5）请将所有配件放回原位。

（6）对照配件清单清点配件。

相扑机器人

 学习目标

◎ 了解关于相扑运动的常识。

◎ 能够搭建相扑机器人模型。

◎ 能够操纵模型进行比赛。

秦汉时期出现了一种运动，由两个力气相当大的人互相推撞，这种运动被称为角抵。南北朝到南宋时期，这种运动被称为相扑。

现在，相扑在日本是人们特别喜爱的一项运动。

相扑运动是由两个相扑运动员在一个离地 1 米高的土台上画出来的直径为 4.55 米的圆圈——"土表"（图 9-1）内，用推、撞、顶、摔这几个动作展开较量。只要选手的身体任何部位接触圈外地面，该选手就输了。在圈内，选手除了脚底板外任何部位接触地面，哪怕只是一个小指头，也为输。如果两位选手都摔倒，则先碰到地面的选手为输。选手在比赛时不可以抓对方腰以下的部位，也不允许揪对方的头发、耳朵，以及不可以拧、打、踢、蹬对方，否则罚出场外。

图 9-1　相扑"土表"

相扑运动员（图 9-2）在比赛时，除了围在腰和裤裆间的"回"（织锦丝带制成的"丁字兜裆"）之外，别的什么衣物都不穿。

相扑运动员按比赛成绩从低至高分为十个等级：序之口、序二段、三段、幕下、十两、前头、小结、关胁、大关、横纲。横纲是相扑运动员的最高荣誉。

图 9-2　相扑运动员

动手实现

1 本单元创意拼装目标：相扑机器人（图9-3）。

图 9-3　相扑机器人模型

2 准备材料

按照表 9-1 所示的配件清单准备拼装材料，做好搭建准备。

表 9-1　配件清单

品名	图示	数量	品名	图示	数量
模块 15		10 块	小红帽		7 个
模块 111		2 块	小齿轮		2 个
90 度模块	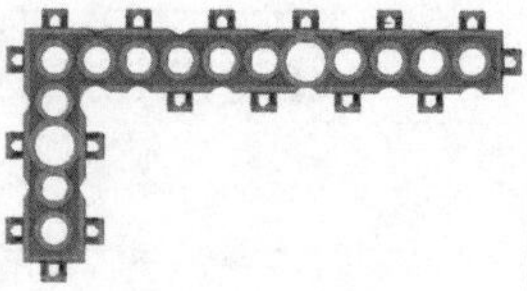	6 块	中齿轮		2 个
模块 135	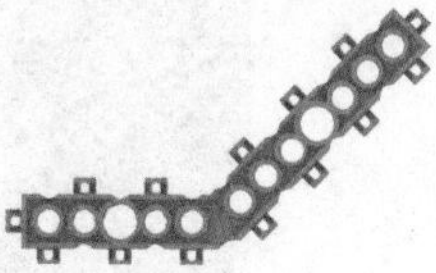	2 块	大齿轮		2 个
连接轴		5 个	模块 511	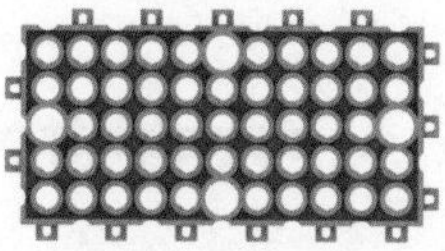	4 块
长轴		2 根	模块 1117	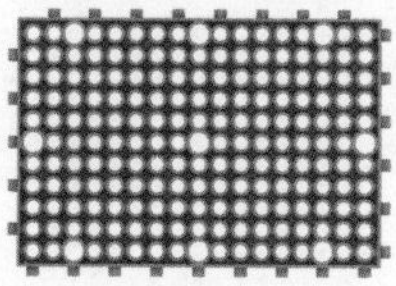	1 块
眼睛模块		2 块	模块 311		4 块

品名	图示	数量	品名	图示	数量
三角模块		2 块	5 孔 连接框架		2 块
11 孔 连接框架		4 块	L 形模块		5 个
小护帽		6 个	模块 523	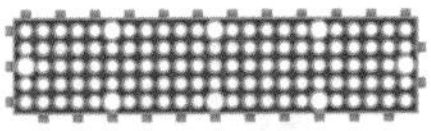	2 块
大轮子		2 个	主板		1 个
模块 55		3 块			
模块 121		2 块	DC 马达		2 个
5 孔框架		3 块	6V 电池夹		1 块
模块 35	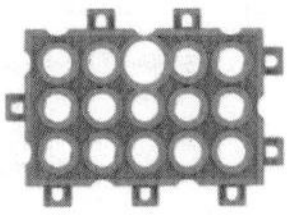	2 块	红外线传感器	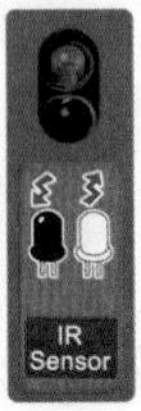	2 个

③ 动手搭一搭（图 9-4）

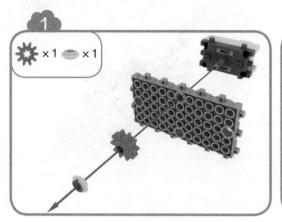

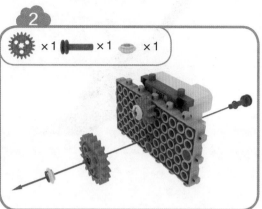

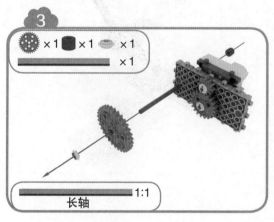

长轴 1:1

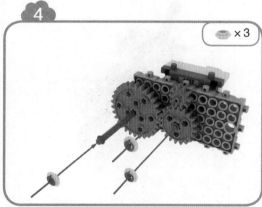

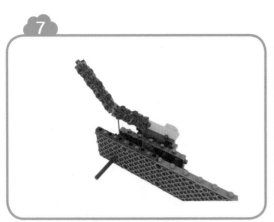

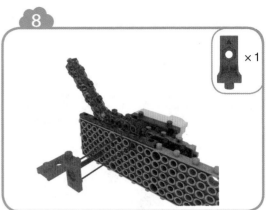

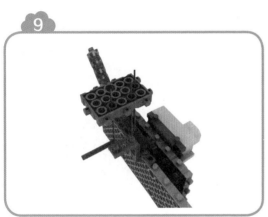

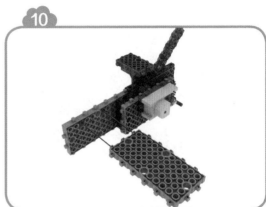

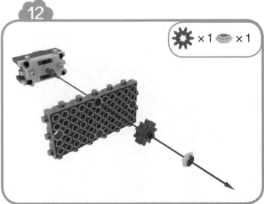

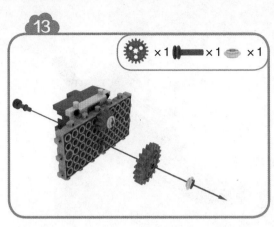

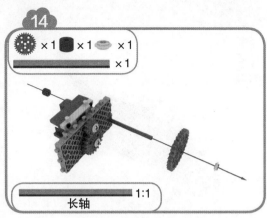

长轴   1:1

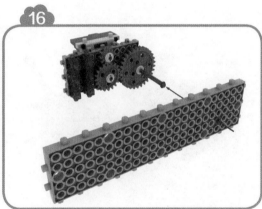

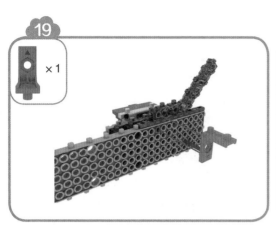

×1

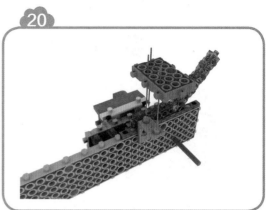

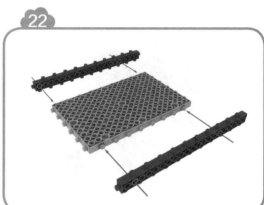

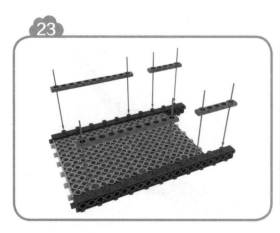

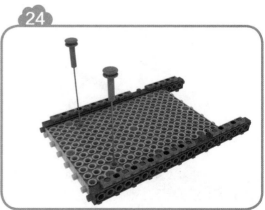

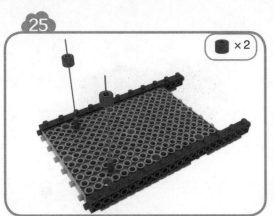

25 ● ×2

26

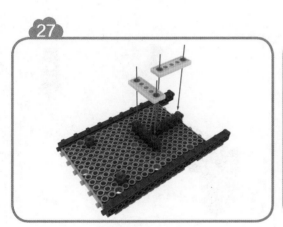

27

28

29

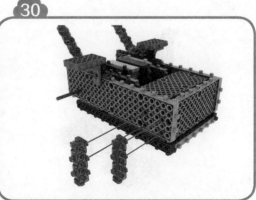

30

31

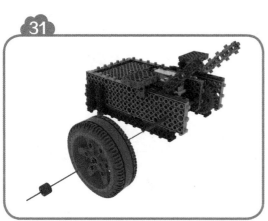

32

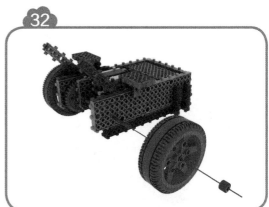

33

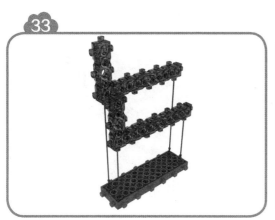

34

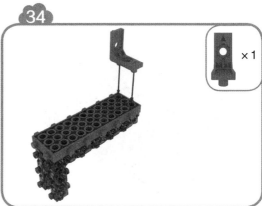

×1

35

36

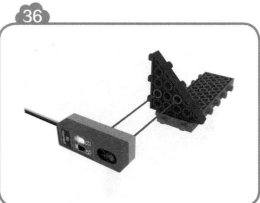

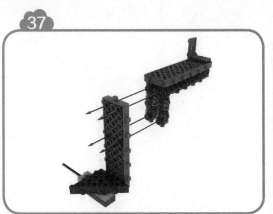

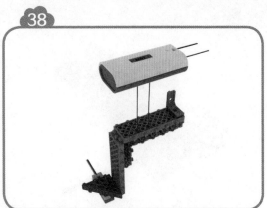

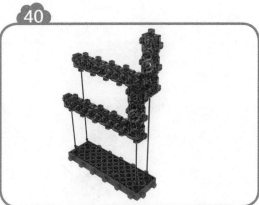

× 1

43

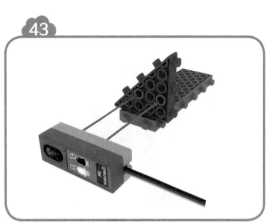

44

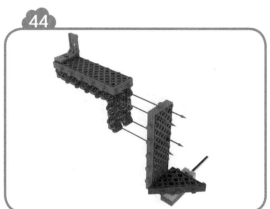

45

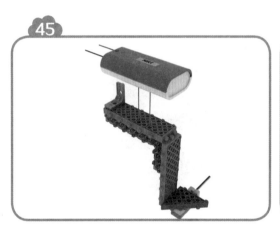

46

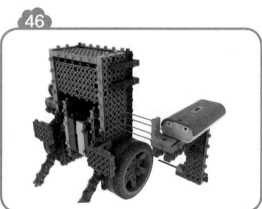

47

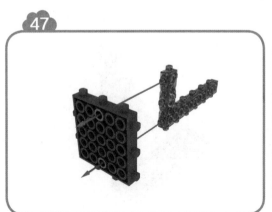

48

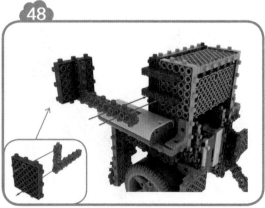

49

50 ×1 | X1 ■X1

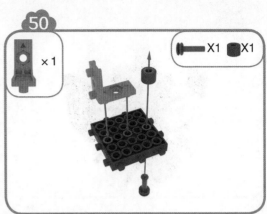

51

52

53

54

55

完成

连接主板

左侧红外线
传感器

右侧红外线
传感器

左侧
DC 马达

右侧
DC 马达

6V 电池夹

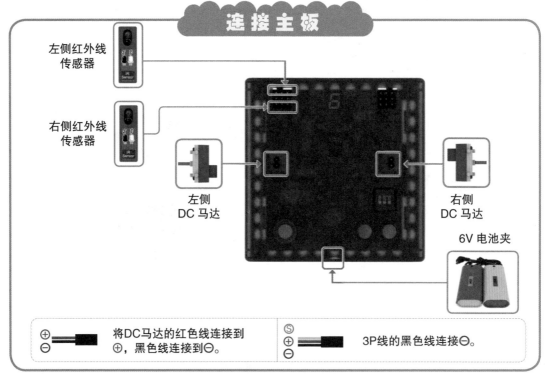

⊕
⊖ 将DC马达的红色线连接到
⊕，黑色线连接到⊖。

Ⓢ
⊕
⊖ 3P线的黑色线连接⊖。

模 式 设 置

①确认6V电池夹、DC马达及红外线传感器是否连接正确。
②打开电源开关。
③按MODE设置按钮，将模式设置成下列图示。

MODE #6	6.	悬崖识别模式

④按"开始"按钮，启动相扑机器人。

图 9-4　拼装步骤及操作方法

想一想 说一说

（1）红外线传感器在相扑机器人身上起到什么作用？

（2）家里的电视遥控器、空调遥控器也是使用红外线传感器工作的，试根据机器人的传感器的工作原理推测遥控器的工作原理。

搭一搭 试一试

（1）尝试搭建出"土表"，和其他同学的相扑机器人进行一场决斗（图9-5）吧。

（2）你能利用红外线传感器再制作别的模型吗？

※ 请跟小伙伴们进行有趣的游戏吧。

图 9-5　竞技 / 游戏

结束整理

（1）请将作品拍照、保存。

（2）请将 6V 电池夹关闭并拆下。

（3）请将电子元器件拆下。

（4）请将模型拆除。

（5）请将所有配件放回原位。

（6）对照配件清单清点配件。

滑雪机器人

 学习目标

◎ 了解滑雪运动和各项滑雪赛事。

◎ 初步理解滑雪板的作用。

◎ 能够搭建滑雪机器人模型。

1 滑雪

滑雪是一项能够给人带来强烈刺激感的体育运动。运动员把滑雪板固定在靴子底下（图 10-1），利用地形的高低和滑雪杖的助力，在覆盖了雪层的地面上快速滑行。从考古发现来看，至少在一万年之前，人类就开始滑雪了。古人为了在雪地上追捕猎物、逃避危险或缩短旅行时间等从而发明了滑雪。

图 10-1　滑雪装备

2 奥运会滑雪项目

奥运会滑雪项目有越野滑雪、跳台滑雪、北欧两项、高山滑雪、自由式滑雪和单板滑雪等。

3 越野滑雪

越野滑雪（图 10-2）是借助滑雪板和滑雪杖，滑行于山丘雪原的运动项目。越野滑雪的比赛线路中的上坡、下坡和平地各约占 $\frac{1}{3}$。有的越野滑雪项目用雪杖，有的不用雪杖，不过，都是看哪个运动员滑得快则获胜。

图 10-2　越野滑雪

④ 跳台滑雪

参加跳台滑雪比赛的运动员不用雪杖，不借助任何外力，以自身体重从起滑台起滑，经助滑道获得约 110 千米 / 时的高速度，从起跳台（图 10-3）飞跃而起。在空中，运动员身体前倾和滑雪板成锐角，两臂紧贴体侧，沿抛物线在空中滑翔，然后在着陆坡着陆后继续自然滑行到停止区。最后，裁判根据运动员从台端到着陆坡的飞行距离和动作姿势进行评分。

图 10-3　跳台滑雪起跳台

⑤ 北欧两项

由运动员参加越野滑雪和跳台滑雪两项比赛，将两项比赛的成绩加起来作为最后成绩的滑雪比赛，叫做北欧两项，又称为北欧全能。

⑥ 高山滑雪

高山滑雪比赛在海拔1000米以上的高山进行，起点和终点之间的垂直高度为800~1000米。运动员从高处滑下，会形成高达约100千米／时的速度，并在滑行过程中不断转弯，穿越各种旗门，左右盘旋，宛如蛟龙。运动员在穿越旗门时，不能碰到旗门旗杆（图10-4）。最后，以运动员的用时定胜负。

图10-4　高山滑雪穿越旗门

⑦ 自由式滑雪

自由式滑雪（图10-5）是将高山滑雪与技巧融合在一起的一项运动。运动员在高速下滑后跃入空中，在空中做出各种高难度动作后落地。最初人们称这种惊险刺激的运动为花样滑雪，后来才由国际奥委会统一名称为自由式滑雪。自由式滑雪的分数由动作的难度和完成度构成。

图10-5　自由式滑雪

单板滑雪（图 10-6）是运动员两脚踩踏在一整块板而不是一对滑雪板上，利用身体姿势和双脚的力量来控制方向和速度的一项运动。单板滑雪分为比拼速度的平行大回转和比拼动作难度及完成度的 U 形池两项。

图 10-6　单板滑雪

① 本单元创意拼装目标：滑雪机器人（图 10-7）。

图 10-7　滑雪机器人模型

② 准备材料

按照表 10-1 所示的配件清单准备拼装材料，做好搭建准备。

表 10-1 配件清单

品名	图示	数量	品名	图示	数量
模块 15		5 块	大护帽		2 个
模块 111		3 块	小护帽		3 个
模块 135		2 块	小红帽		11 个
模块 35	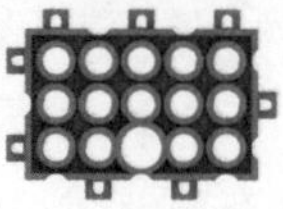	2 块	红外线传感器		2 个
11 孔框架		4 块	喇叭传感器		1 个
21 孔框架		2 块	小轮子	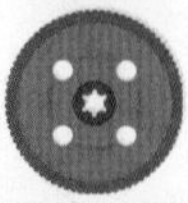	2 个
眼睛模块		2 块	轴模块		2 块
连接轴		4 个	模块 55		1 块
短轴		1 根	模块 121		2 块
中轴		2 根	齿轮模块		4 块
长轴		1 根	曲柄模块		2 块
模块 511	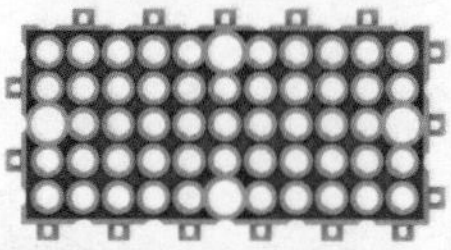	4 块	主板		1 个
模块 311		6 块	DC 马达	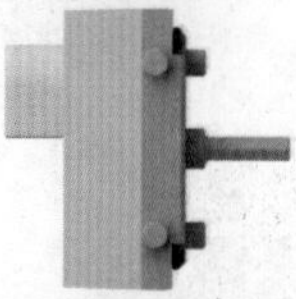	2 个
连接护帽		1 个	6V 电池夹		1 块
5 孔框架		8 块			

③ 动手搭一搭（图 10-8）

1

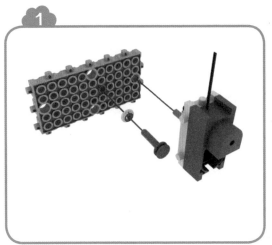

2

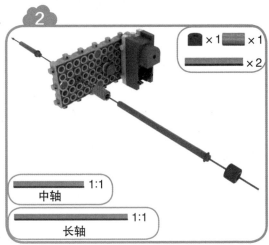

×1 ×1

×2

1:1
中轴

1:1
长轴

3

翻转

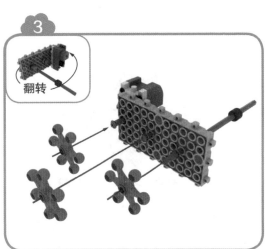

4

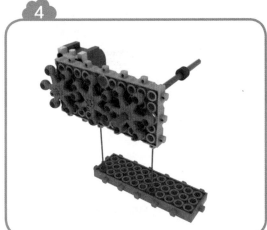

5

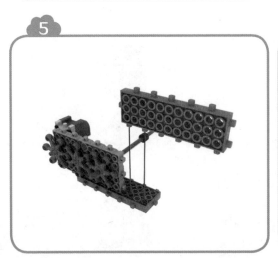

6

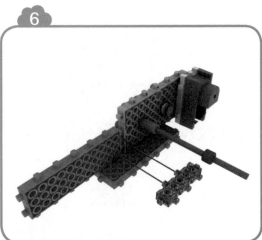

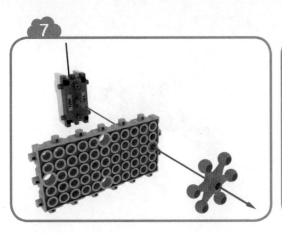

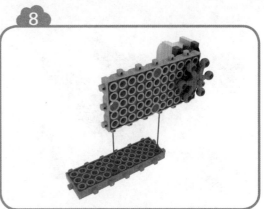

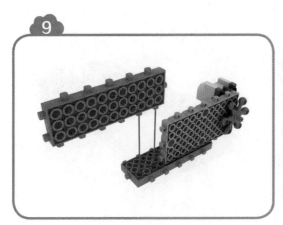

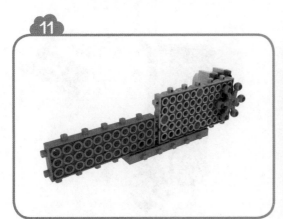

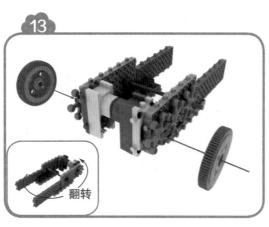

13

翻转

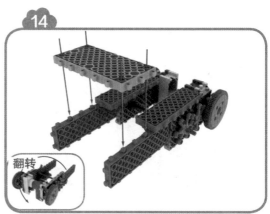

14

翻转

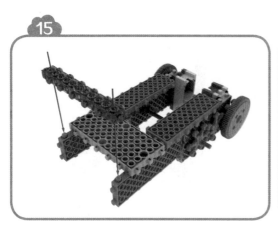

15

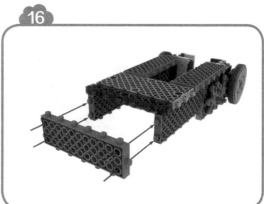

16

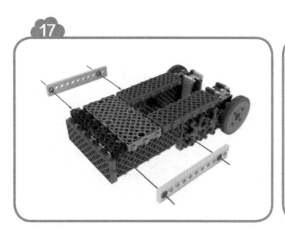

17

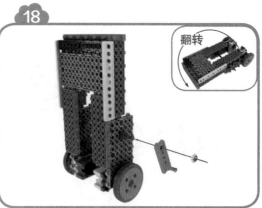

18

翻转

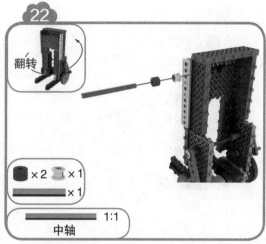

■ ×2　🎛 ×1

■ ×1

1:1
中轴

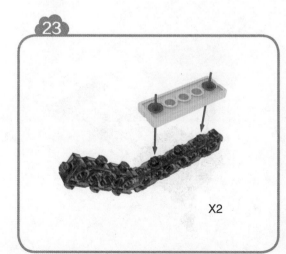

X2

25

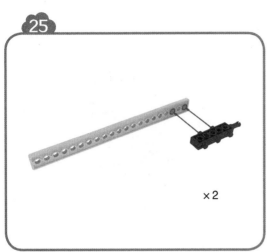

×2

26

×1
×1

27

×2 ×1
×1

翻转

1:1
短轴

28

翻转

29

×1
×1

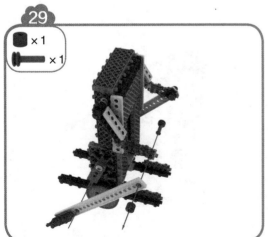

30

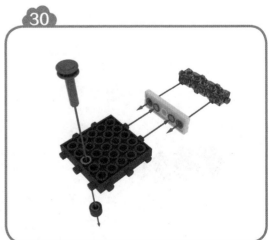

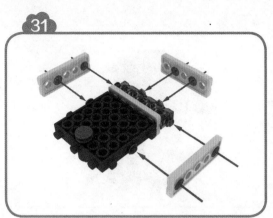

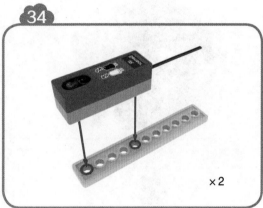

×2

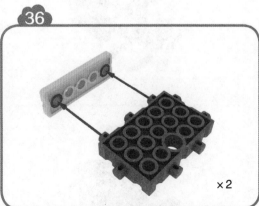

×2

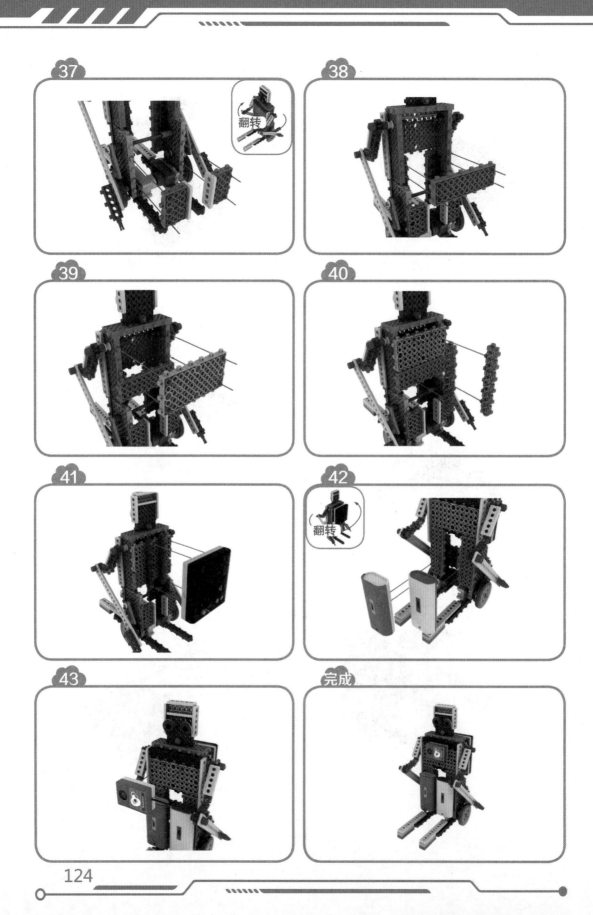

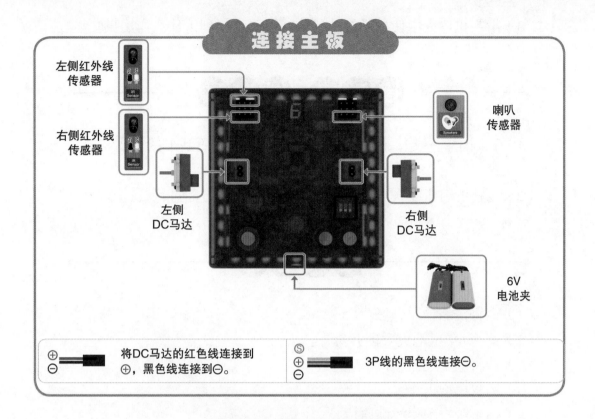

連接主板

左侧红外线
传感器

右侧红外线
传感器

左侧
DC马达

右侧
DC马达

喇叭
传感器

6V
电池夹

⊕
⊖　　将DC马达的红色线连接到
　　⊕，黑色线连接到⊖。

Ⓢ
⊖
⊖　　3P线的黑色线连接⊖。

模式设置

① 确认6V电池夹、DC马达、红外线传感器及喇叭传感器是否连接正确。
② 打开电源开关。
③ 按MODE设置按钮，将模式设置成下列图示。

MODE #6		**8.**	悬崖识别模式

④ 按"开始"按钮，启动滑雪机器人。

图 10-8　拼装步骤及操作方法

想一想　说一说

（1）古人为什么要在脚上绑上滑雪板滑行而不是在雪地里行走呢？

（2）高山滑雪和越野滑雪相比，哪项运动的速度更快？为什么呢？

（3）滑雪机器人中使用了红外线传感器，它起到了什么作用呢？

（1）和同学们一起，搭建各种不同的地形，看看我们的滑雪机器人表现如何。

（2）要让滑雪机器人滑行得更快，可以在哪些方面进行改进？

（1）请将作品拍照、保存。

（2）请将 6V 电池夹关闭并拆下。

（3）请将电子元器件拆下。

（4）请将模型拆除。

（5）请将所有配件放回原位。

（6）对照配件清单清点配件。

第11单元

 学习目标

◎ 简单了解火车的发展史。

◎ 了解铁轨的设计原理。

◎ 简单了解磁悬浮列车原理。

◎ 能够搭建火车模型。

◎ 能够绘制火车巡线所需要的线路。

① 火车

最早的火车，真的是有火的。它使用煤炭或木柴为燃料，驱动蒸汽机，拖着火车车厢在铁轨上奔跑。初期，蒸汽火车（图 11-1）需要在铁路沿途准备煤、木柴和水等，并喷出大量黑烟，后来，经过不断改进，火车慢慢地改成用柴油内燃机车或电动机车带动，这才看不到火了。

图 11-1　蒸汽火车

② 铁路轨道

火车需在铁路轨道（图 11-2）上才能行驶。铁路轨道通常由两条平行的钢轨组成。钢轨固定放在轨枕上，轨枕之下为路碴。以钢铁制成的路轨，可以承受住火车的重量。轨枕又叫枕木，它的作用是把钢轨上承受的火车重量分散到地面，以及保持路轨之间的距离。轨枕下面一般铺着石砾，既可以为轨道提供弹性支撑，还利于排水。

铁轨是先于火车被发明出来的。起因是有一家铁工厂的老板屯了很多铁，但铁的价格突然下跌了很多，他不想便宜卖掉存货，但堆在厂里又很占地方，于是他把铁制成铁条铺在地上。后来，人们发现车辆走在铺着铁条的路上，既省力，又平稳，就纷纷效仿。为了防止车轮滑出铁轨，人们对铁轨做出了改进：在铁轨上做出凹槽。但凹槽中又容易塞进石子、垃圾，损坏铁轨。于是，人们又把铁轨做成了上下一样宽，中间略窄的形状，这样垃圾不易积聚，铁轨也不易损坏。可是这种轨道稳定性很不好，受到冲击容易翻倒而导致火车脱轨等。于是人们又把铁轨的下面加宽，把铁轨造成像汉字的"工"字形，这种形状的轨道既稳定又可靠，一直沿用到今天。

图 11-2 铁路轨道

③ 磁悬浮列车

磁悬浮列车（图 11-3）是一种现代高科技新型列车。它利用电磁力的"同极相斥"或"异极相吸"的原理，将列车"吸"起来或"托"起来，从而实现列车运行时不接触轨道，大大降低了摩擦力，提高了列车速度。目前正在营运的磁悬浮列车最高时速可达 500 千米 / 时。世界各国都在研究如何制造可运行的又便宜又安全的磁悬浮列车。

图 11-3 磁悬浮列车

动手实现

① 本单元创意拼装目标：火车（图11-4）。

图 11-4　火车模型

② 准备材料

按照表11-1所示的配件清单准备拼装材料，做好搭建准备。

表 11-1　配件清单

品名	图示	数量	品名	图示	数量
模块15		4块	21孔框架		4块
模块111		3块	短轴		2根
90度模块		2块	中轴		7根
模块35		2块	连接轴		1个
马达固定模块		2个	小齿轮		2个
11孔框架		8块	大齿轮		2个

品名	图示	数量	品名	图示	数量
红外传感器		3 个	模块 55		3 块
模块 511	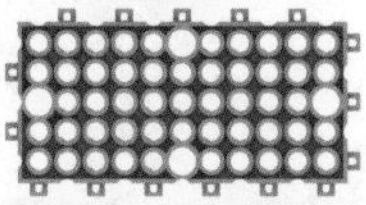	3 块	模块 121		2 块
模块 523	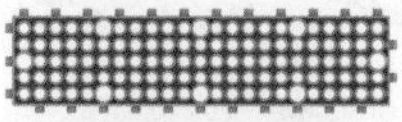	2 块	5 孔框架	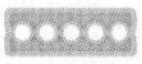	5 块
模块 1117	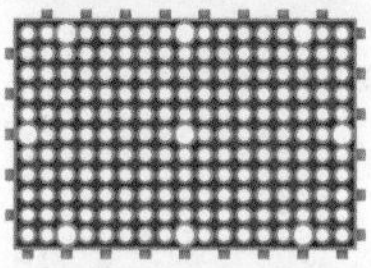	2 块	5 孔连接框架		2 块
A4 连接模块		2 块	11 孔连接框架		1 块
模块 311		3 块	L 形模块		2 块
模块 321		2 块	主板	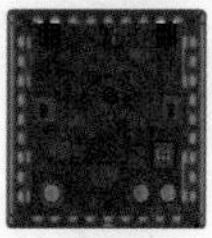	1 个
圆形模块	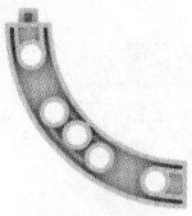	2 块	DC 马达		2 个
小红帽		19 个	6V 电池夹		1 块
大护帽		12 个	红色轮子		2 个
小护帽		4 个	小轮子		2 个
引导轮		4 个	中轮子		2 个
喇叭传感器	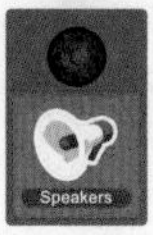	1 个			

131

③ 动手搭一搭（图 11-5）

1

×1 ×1
×1

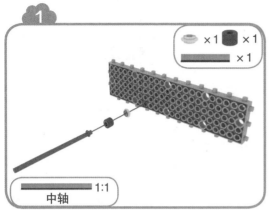

1:1
中轴

2

×2 ×2

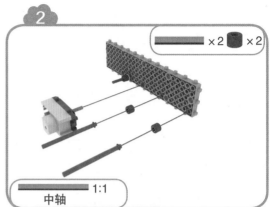

1:1
中轴

3

×2 ×1 ×1

翻转

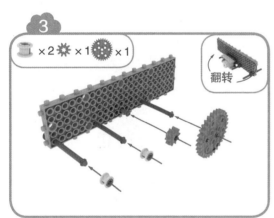

4

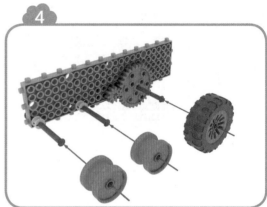

5

×3

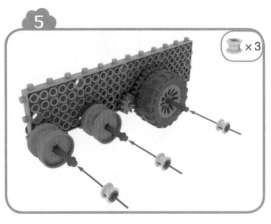

6

×3

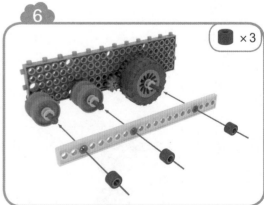

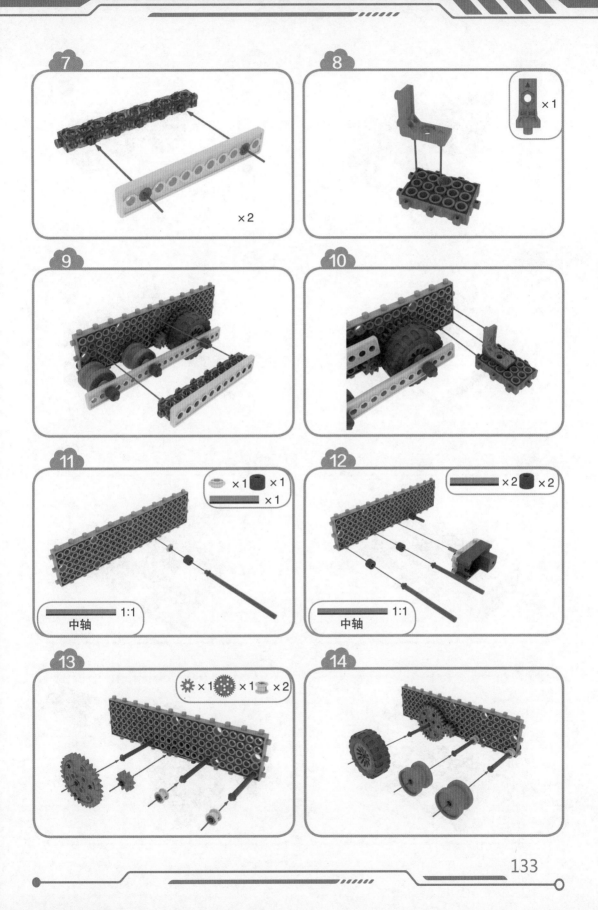

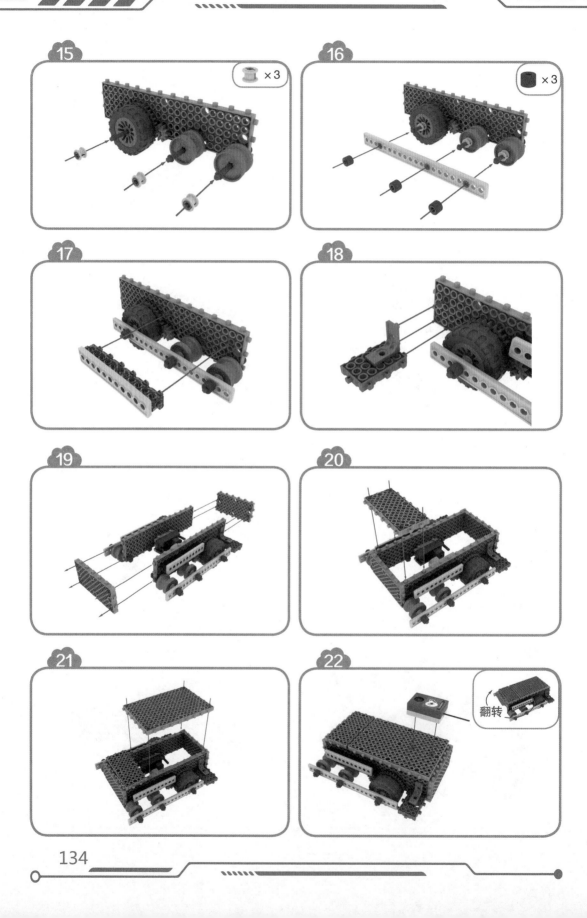

翻转

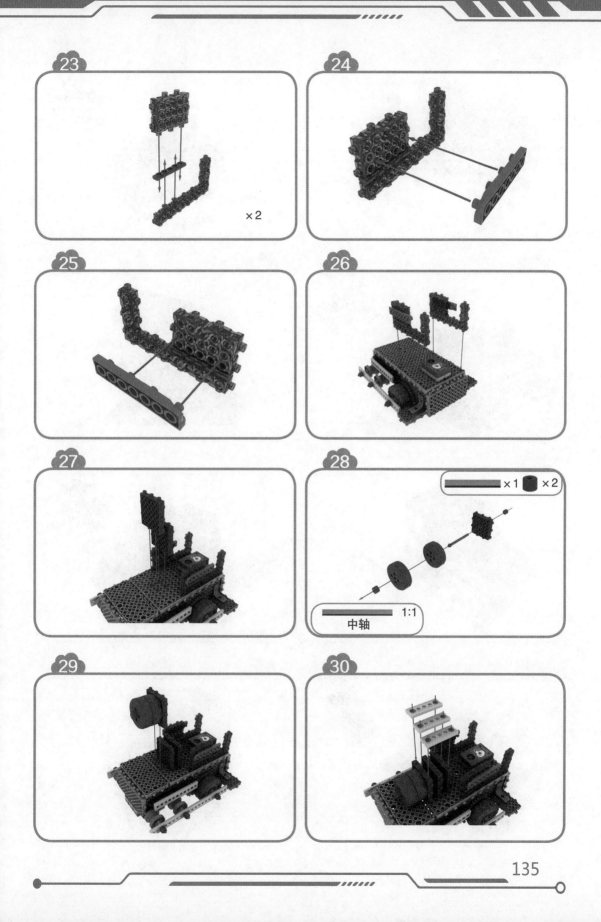

×2

×1 ×2

1:1
中轴

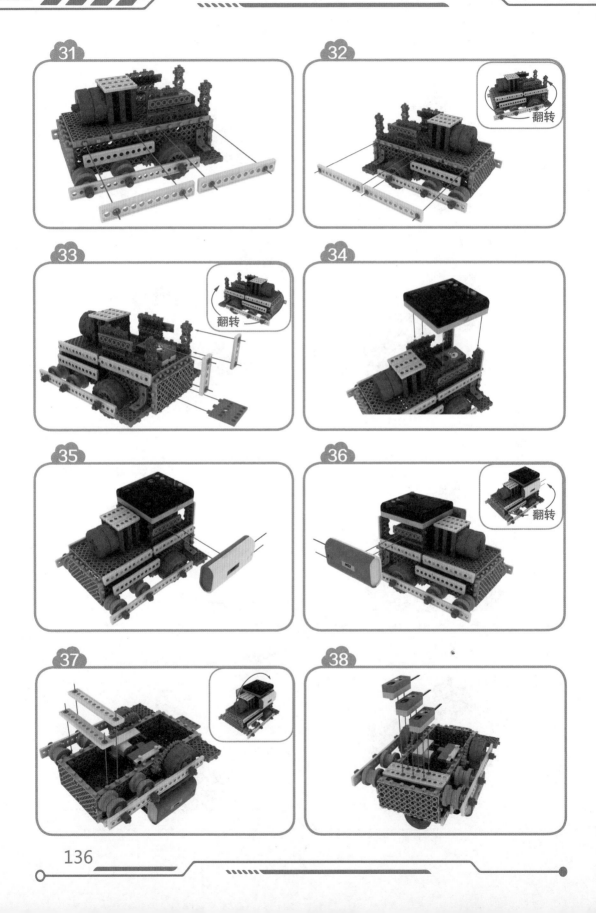

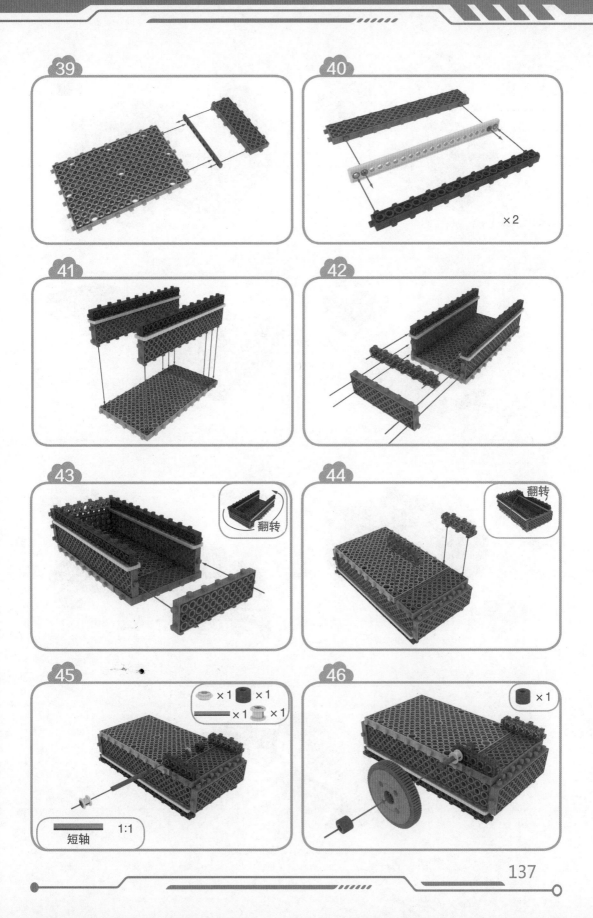

×2

翻转

翻转

×1 ×1
×1 ×1

×1

1:1
短轴

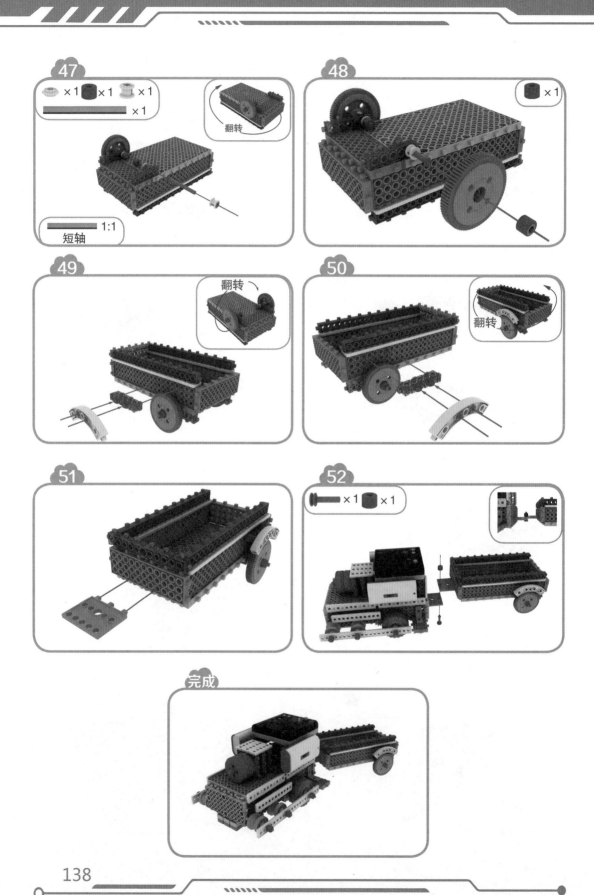

完成

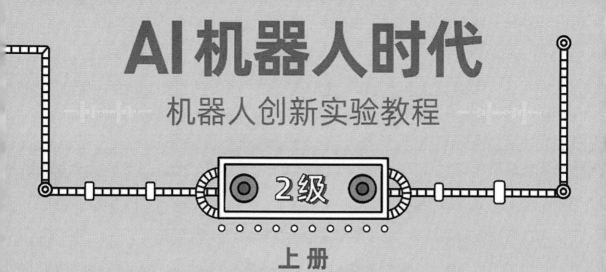

my robot time

AI机器人时代

机器人创新实验教程

2级

上册

实训评价手册

"自评结果"按"一般""合格""优秀"填写
"综合评价"由指导老师填写

班级＿＿＿＿＿＿＿

姓名＿＿＿＿＿＿＿

STEAM

机械工业出版社
CHINA MACHINE PRESS

第1单元　直升机

自评项	自评细则	自评结果
背景导入	认真了解背景知识	
	积极提出疑问	
	主动了解更多相关知识	
实验过程	准备所需配件	
	完成模型搭建	
	正确连接元器件	
	整理配件并放回原位	
探索创意	尝试搭建出其他样子的直升机	
合作交流	讨论：为什么客机不使用直升机	

为什么客机不使用直升机?

直升机一般用来干什么呢?

我们做出来的直升机应该属于哪一类?

综合评价:

第 2 单元　水上飞机

自评项	自评细则	自评结果
背景导入	认真了解背景知识	
	积极提出疑问	
	主动了解更多相关知识	
实验过程	准备所需配件	
	完成模型搭建	
	正确连接元器件	
	整理配件并放回原位	
探索创意	给飞机装上图钉或其他尖锐物品	
	给飞机装上气球	
合作交流	讨论并确定气球的安装位置	
	讨论并确定图钉的安装位置	
	讨论并确定游戏规则	
	进行刺破气球游戏	

简单描述确定的游戏规则。

综合评价：

第3单元 阿凡达直升机

自评项	自评细则	自评结果
背景导入	认真了解背景知识	
	积极提出疑问	
	主动了解更多相关知识	
实验过程	准备所需配件	
	完成模型搭建	
	正确连接元器件	
	整理配件并放回原位	
探索创意	尝试让螺旋桨转起来	
合作交流	讨论让螺旋桨转起来的方法	
	实现螺旋桨旋转	
	在班里分享小组的实现方案	

画出或写出小组实现飞机改动的方案。

综合评价：

第4单元　对抗机器人

自评项	自评细则	自评结果
背景导入	认真了解背景知识	
	积极提出疑问	
	主动了解更多相关知识	
实验过程	准备所需配件	
	完成模型搭建	
	正确连接元器件	
	整理配件并放回原位	
探索创意	尝试加强自己机器人的攻击能力	
	尝试加强自己机器人的防守能力	
合作交流	与同学讨论并确定机器人的对抗规则	
	与同学进行一场机器人对抗赛	

在机器人对抗赛中，有哪些因素可以让你的机器人更不容易被推走呢？

综合评价：

第 5 单元 赛 车

自评项	自评细则	自评结果
背景导入	认真了解背景知识	
	积极提出疑问	
	主动了解更多相关知识	
实验过程	准备所需配件	
	完成模型搭建	
	正确连接元器件	
	整理配件并放回原位	
探索创意	尝试改进赛车模型	
	记录改进带来的速度改变	
合作交流	与同学讨论赛车规则	
	与同学一起搭建赛车场地	
	进行一场赛车，看看谁的赛车跑得更快	

你知道如何测定赛车的速度吗？

综合评价：

第6单元 陀 螺

自评项	自评细则	自评结果
背景导入	认真了解背景知识	
	积极提出疑问	
	主动了解更多相关知识	
实验过程	准备所需配件	
	完成模型搭建	
	正确连接元器件	
	整理配件并放回原位	
探索创意	改良陀螺以延长转动时间	
合作交流	向同学展示自己带来的陀螺	
	向同学展示你收集的其他陀螺图片	
	和同学一起比赛，看谁的陀螺转得更久	

你觉得为什么陀螺最后会停下来呢？

综合评价：

第7单元　射击机器人

自评项	自评细则	自评结果
背景导入	认真了解背景知识	
	积极提出疑问	
	主动了解更多相关知识	
实验过程	准备所需配件	
	完成模型搭建	
	正确连接元器件	
	整理配件并放回原位	
探索创意	尝试改装枪和靶以更顺利地进行游戏	
	尝试搭建步枪	
合作交流	与同学合作玩射击机器人游戏	
	尝试合作搭建步枪	

射击过程中有哪些因素可能会影响射击的结果?

怎样能够更精准地射击呢?

综合评价:

第 8 单元　小鸭子

自评项	自评细则	自评结果
背景导入	认真了解背景知识	
	积极提出疑问	
	主动了解更多相关知识	
实验过程	准备所需配件	
	完成模型搭建	
	正确连接元器件	
	整理配件并放回原位	
探索创意	试验红外线传感器的感知范围	
合作交流	合作搭建小鸭子赛道	
	进行小鸭子障碍赛	

红外线传感器的感知范围是多少？

综合评价：

第9单元 智能机器人

自评项	自评细则	自评结果
背景导入	认真了解背景知识	
	积极提出疑问	
	主动了解更多相关知识	
实验过程	准备所需配件	
	完成模型搭建	
	正确连接元器件	
	整理配件并放回原位	
探索创意	试着去掉一个红外线传感器，查看效果	
合作交流	合作搭建障碍场地	
	讨论：障碍场地使用规则	

简单描述一下你的智能机器人是如何躲避障碍物继续前进的。

智能机器人还能用在我们生活中的哪些方面？

综合评价：

第 10 单元　汽　车

自评项	自评细则	自评结果
背景导入	认真了解背景知识	
	积极提出疑问	
	主动了解更多相关知识	
实验过程	准备所需配件	
	完成模型搭建	
	正确连接元器件	
	整理配件并放回原位	
探索创意	尝试将小汽车改换造型	
	尝试将小汽车改造成自动避障小汽车	
合作交流	向同学介绍自己的改装	
	合作搭建不同的地形	
	讨论场地使用规则	

遥控器类似于真实汽车的哪部分呢？我们制作的小汽车的发动机在哪里呢？

为什么我们制作的小汽车要插上钥匙才能动起来呢？

综合评价：

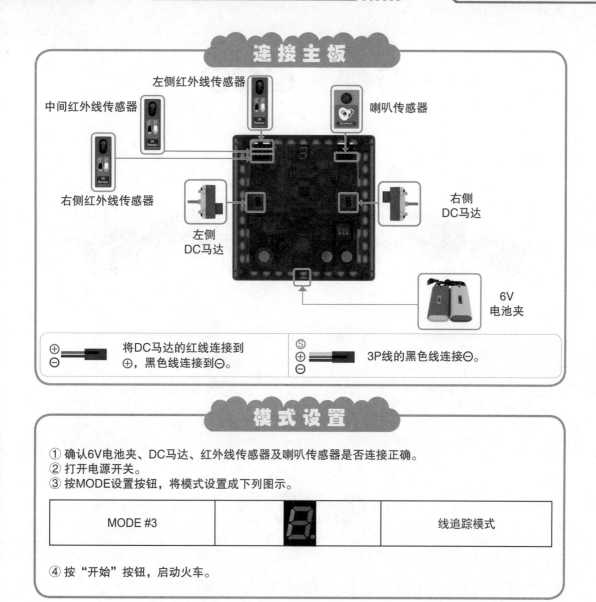

图 11-5 拼装步骤及操作方法

（1）所拼装完成的火车所巡的轨道线路最宽可以达到几厘米？是由什么决定这个宽度的呢？

（2）你坐过火车吗？跟大家说说你坐过的火车是什么样子的。

（3）所拼装的火车和真正的火车相比，有哪些区别？

搭一搭 试一试

尝试绘制出不同形状的巡线图，让小火车跑起来吧（图 11-6）。

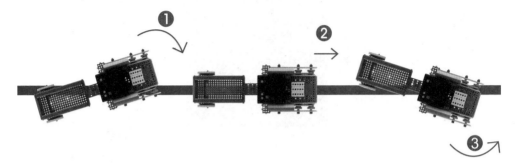

① 当小火车往左侧偏移时，右侧传感器会识别到黑色线。这时小火车会自动旋转方向，回到黑色线上继续前进。

② 往前方前进。

③ 当小火车往右侧偏移时，左侧传感器会识别到黑色线。这时小火车会自动旋转方向，回到黑色线上继续前进。

图 11-6　竞技 / 游戏

结束整理

（1）请将作品拍照、保存。

（2）请将 6V 电池夹关闭并拆下。

（3）请将电子元器件拆下。

（4）请将模型拆除。

（5）请将所有配件放回原位。

（6）对照配件清单清点配件。